用鬆餅粉做出37道美味甜點

Delicious sweets
with
Hotcake mix

ホッとケーキさん。著

我是「ホッとケーキさん。」

非常感謝您在浩瀚書海中執起本書。既然您翻開這本書，那是不是以前曾有過用鬆餅粉製作甜點的經驗呢？以前製作甜點時又是否有過這樣的想法——

「雖然看了好多網路資訊跟食譜書，但種類實在太多了，不知道到底哪一個才能做得好吃？」

「總之先從材料很少、做起來簡單的東西開始試試看吧。」

我自己過去也曾用網路找來的食譜，做過僅需1分鐘就能完成的超簡單瑪芬，然而可惜的是吃起來不怎麼美味。有了這樣的經驗，我在本書中介紹的都是因為用鬆餅粉製作才特別好吃的甜點，而且當然地，也因為是用鬆餅粉製作，所以簡單又不花時間。另外我在做法中，也會盡可能用心說明做出美味點心的重點。

書中食譜都是原本不擅長做甜點的我，反覆嘗試許多次才完成的，所以我想任何人都能藉由本書做出好吃的甜點。

若各位能透過本書所教的甜點，與家人及重要的人度過一段溫馨時光，那便是我的榮幸。

「ホッとケーキさん。」是誰？

我在YouTube上介紹各種用鬆餅粉製作甜點的方法。
每道食譜都是經過了百般錯誤及嘗試後才完成的。

本書食譜的與眾不同之處

材料很少

只要用少量且方便取得的材料就能製作，費用並不高。但是也不會省略能讓點心變得更美味的材料。

做法簡單

幾乎所有食譜的做法都只是按順序攪拌材料而已，就算不會困難的技巧也能做出好吃的甜點。

※部分甜點需要打發。

不會失敗

針對容易失敗的地方進行詳細解說。只要小心處理這些步驟，一定能做得好吃。

步驟清楚好懂

可藉由粗體文字部分掌握製作流程。多數步驟還附有照片，更便於理解。

可以將鬆餅粉用完，不會浪費

幾乎所有食譜都使用1包（150g）或½包（75g）鬆餅粉。只需½包鬆餅粉的甜點，也只要做2份就能把鬆餅粉用完。

減少麻煩的步驟

鬆餅粉已經調配好各種材料的比例，省去各種測量材料及清洗道具的工夫。

本書的注意事項

- 食譜中所記的1小匙為5㎖，1大匙為15㎖。
- 微波爐的加熱時間以功率600W為基準。若為500W則需要1.2倍的加熱時間，700W需要0.9倍的加熱時間。
- 加熱器具以瓦斯爐為基準，IH爐等其他加熱器具請參考器具上的火力標示。如果製作步驟中未記載火力，則一律使用中火。
- 烤箱的烘烤時間與微波爐的加熱時間隨機種不同而有差異。由於食譜上的時間只是大致的標準，因此實際製作時請一邊觀察一邊進行調整。

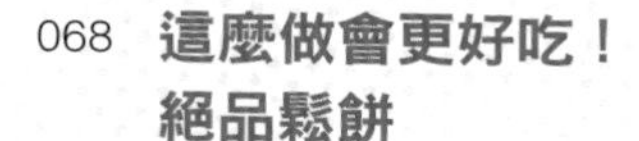

美術指導　川村哲司（atmosphere ltd.）
設計　加藤久美子（atmosphere ltd.）
攝影　広瀬貴子
造型　鈴木亜希子
插圖　橋村実里
烹飪助手　三好弥生
攝影協力　UTUWA
編輯　原田裕子（KADOKAWA）

本書主要使用的烹飪器具

平底鍋

鬆餅使用經過氟素樹脂加工，直徑20㎝的平底鍋。

橡膠刮刀

推薦使用前端與握柄呈一體的矽膠製刮刀，即使麵團較硬也很好攪拌。

打蛋器

推薦使用不鏽鋼製的類型，堅固又耐用。

烘焙用量杯

建議選用刻度清晰，且附有把手及注入口的類型。

耐熱玻璃碗

除了直徑18㎝的大碗外，再多準備幾個小碗更好。想用微波爐加熱材料時也很方便。

電動攪拌器

電動攪拌器操作起來方便快速，打發材料時不會手痠，若有機會不妨準備一台。如果使用有5段變速的產品，請當作低速－1速、中速－3速、高速－5速來使用。

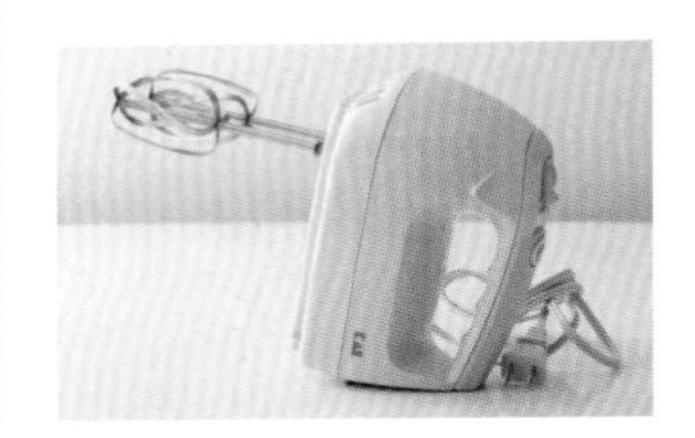

本書主要使用的模具

磅蛋糕模具

約18×8.5×6.5㎝。除了磅蛋糕外，還可用於台灣古早味蛋糕。

瑪芬杯&瑪德蓮鋁箔杯

瑪芬杯（左邊2種）：直徑5～6.5×高4～5㎝的紙製杯，主要用於瑪芬。瑪德蓮鋁箔杯（右）：直徑7.5×高2.5㎝的鋁箔杯。

圓形模具

直徑15㎝的金屬製或矽膠製模具。另外矽膠製模具還可用於微波爐，若有準備會比較方便。

本書主要使用的烘焙材料

鬆餅粉

使用森永製菓的鬆餅粉（1大袋分成每包150g的類型）。本書幾乎所有食譜都能用完1包，或使用½包。鬆餅粉中除了小麥粉，還含有砂糖及泡打粉等材料，若在製作甜點時使用鬆餅粉，就能以更少的材料完成甜點。

每包在開封後若沒用完，請先放到密閉容器中，再放進冰箱保存，並盡早將其用完。即使是外袋開封，也盡量以同樣方式保存才安心。

砂糖

使用一般家庭用的上白糖。部分用到細砂糖或糖粉的食譜會在材料表中明確標示使用的糖。

鮮奶油

使用乳脂含量40%的鮮奶油。由於不同產品的乳脂含量有所差異，請使用約40%左右且方便取得的類型即可。若要用在甜點的裝飾上，那麼也可隨個人喜好使用植物性鮮奶油。

雞蛋

使用M尺寸的雞蛋。

奶油

本書使用無鹽奶油，這是因為在甜點製作中，少許鹽分就會嚴重影響成品的風味。如果奶油是要塗在鬆餅上，那麼隨喜好選用有鹽奶油也可以。

玄米油

想將甜點做成濕潤的口感時，我會使用沒有特殊味道的玄米油等植物油。使用太白胡麻油也可以。如果手邊沒有玄米油，使用沙拉油也沒問題。

可可粉

本書使用不含砂糖及乳製品的純可可粉。

※許多生活百貨商店販售各式各樣的料理模具，還請試著到附近的店家找看看。

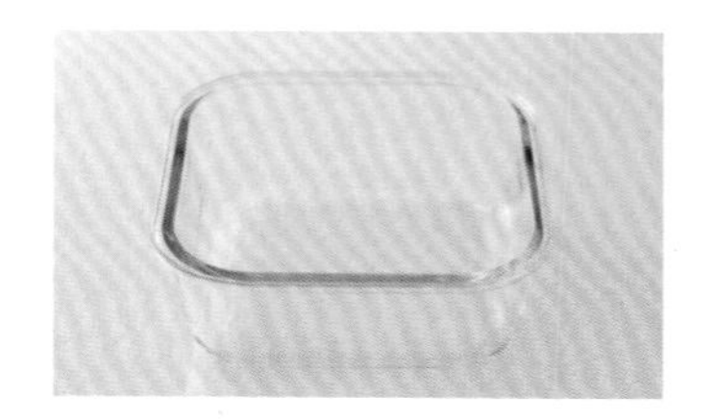

耐熱玻璃容器

15.5×15.5×5.5㎝。可用於烤箱及微波爐，也可用洗碗機清洗。除了正方形之外也會用到長方形的容器。

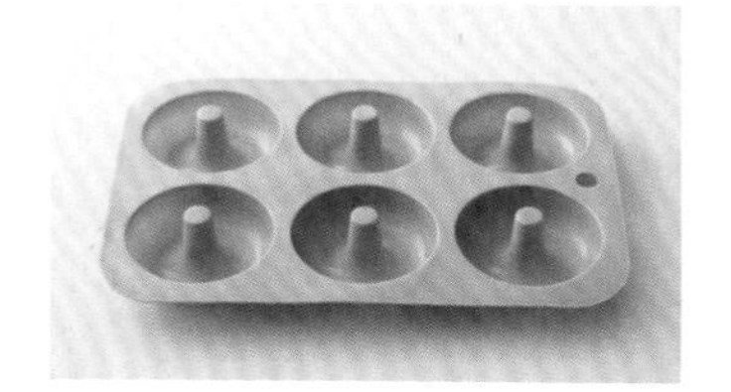

甜甜圈模具

每個環的直徑為7㎝的矽膠製模具，可以用於製作不油炸的健康甜甜圈。

無底圓形模具

直徑10.5×高5.5㎝的無底圓形模具，是烤出漂亮厚烤鬆餅的必備工具。

攪拌後烘烤就好！

只需10分鐘
就能輕鬆完成的
美味甜點

基本步驟就只有攪拌材料跟烘烤而已，
作業時間頂多10分鐘左右，
接下來全都交給烤箱就好。
因為簡單，更讓人想一做再做，
而且每道甜點都很好吃。
再怎麼忙碌的人，都能體驗手作的樂趣。

鬆軟磅蛋糕

這是一開始最希望大家記住的烘焙點心。
就算是第一次做的人也能做得好吃，
不會失敗。

努力度 ★★☆

鬆軟磅蛋糕

材 料

（約18×8.5×6.5㎝的磅蛋糕模具1個份）

鬆餅粉 ……………… 1包（150g）
雞蛋 ………………… 2顆
奶油（無鹽）……… 90g
砂糖 ………………… 4大匙

事前準備

- 先將奶油回復至室溫，接著放進直徑18㎝的玻璃碗中，若硬度變成用手指按壓時會留下痕跡的程度就OK了。
- 雞蛋回復到室溫，接著放進玻璃碗中用打蛋器仔細打散，然後再加入砂糖先攪拌好。
- 磅蛋糕模具鋪上烘焙紙。
- 烤箱預熱到170℃。

不失敗的訣竅

如果在步驟**2**就先將奶油與鬆餅粉攪拌好，那麼把蛋液加進去時就不會發生蛋液無法與麵團混合，彼此分離的狀況。如果分離，做出來的口感就會變得乾癟鬆垮。

做 法

1 將奶油攪至光滑

用橡膠刮刀將奶油抹開，攪拌到呈現光滑狀態。

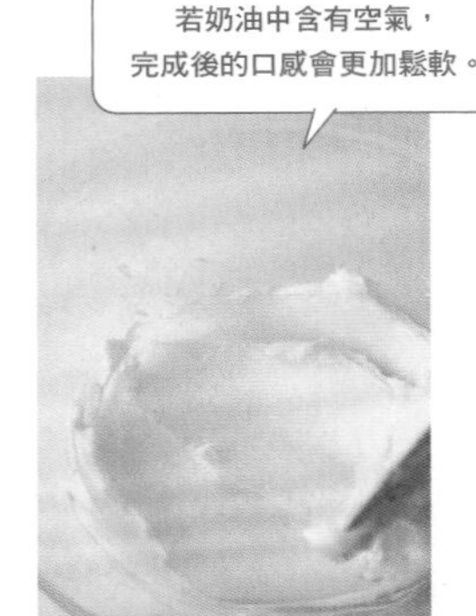

2 加進鬆餅粉攪拌

如果攪拌時用力過猛，鬆餅粉會到處亂飛，所以要以像是擠壓的方式攪拌。

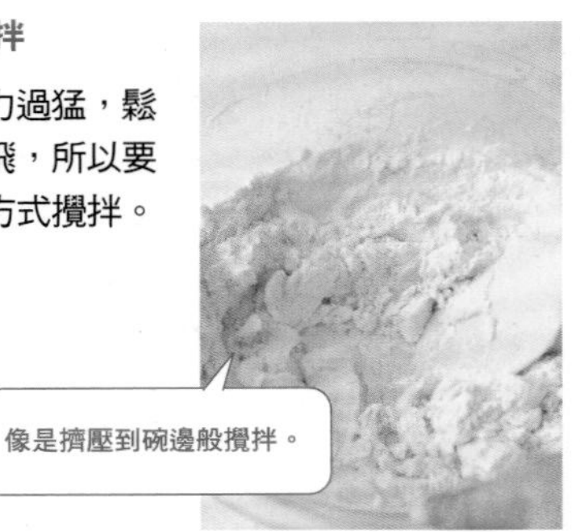

3 仔細攪拌至變白

攪拌到沒有粉狀感後，接著繼續仔細攪拌，把空氣攪進奶油中。

4 將蛋液分成3次加進去並攪拌

每次都要把蛋液完全攪拌均勻之後，再加入下一次蛋液。

5 蛋液攪拌均勻就OK了

變成黏糊且光滑的狀態就可以了。

6 麵團倒進模具

將麵團倒進模具裡，表面用橡膠刮刀抹平。接著把模具放在烤盤的正中間。

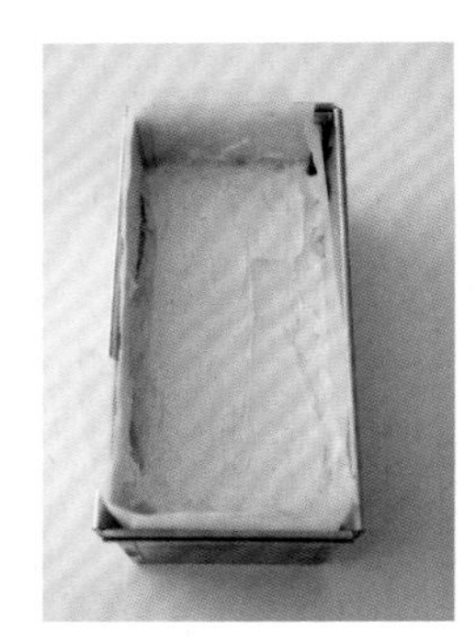

7 烘烤10分鐘後劃出割痕

在烤箱中烘烤約40分鐘。烘烤經過10分鐘時，麵團中央用刀尖劃出一道割痕（小心燙傷）。

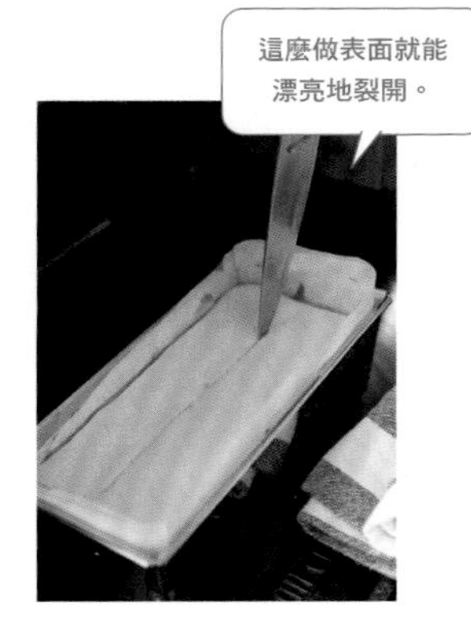

8 烘烤完成後從約20㎝高的位置往下摔

降溫後從模具中取出，放在網架上冷卻。

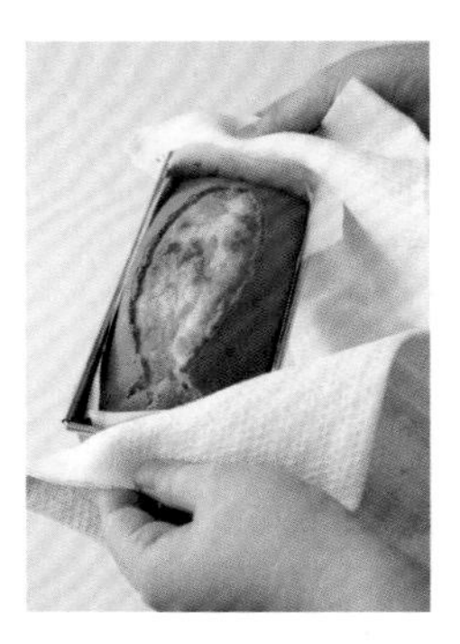

這種時候該怎麼辦？

如果內部還有沒烤熟的地方，就蓋上鋁箔紙以約5分鐘為單位繼續烘烤並觀察情況。要是不曉得是否烤好了，可以插進竹籤測試，若竹籤上沒有沾附麵團就是烘烤完成了。

咖啡大理石磅蛋糕

可以輕鬆做出切面的
大理石紋路。

努力度　★★☆

材料

（約18×8.5×6.5㎝的磅蛋糕模具1個份）

- 鬆餅粉……1包（150g）
- 雞蛋……2顆
- 奶油（無鹽）……90g
- 砂糖……4大匙
- 即溶咖啡……2大匙
- 熱水……2大匙

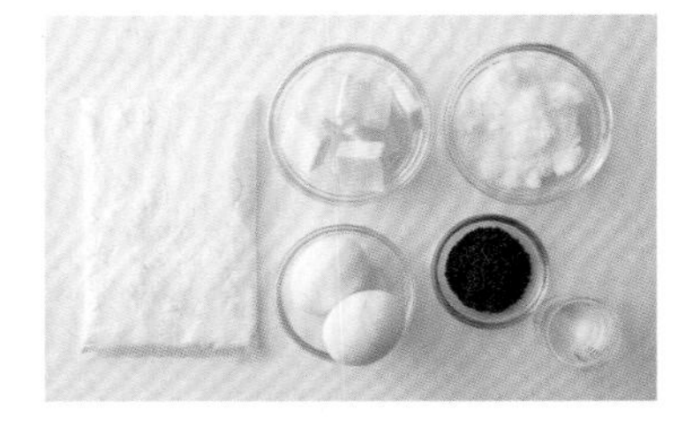

事前準備

- 先將奶油回復至室溫，接著放進直徑18㎝的玻璃碗中，若硬度變成用手指按壓時會留下痕跡的程度就OK了。
- 雞蛋回復到室溫，接著放進玻璃碗中用打蛋器仔細打散，然後再加入砂糖先攪拌好。
- 磅蛋糕模具鋪上烘焙紙。
- 烤箱預熱到170℃。

大理石紋路的訣竅

步驟**4**中混合麵團時，只要攪拌3次即可。先暫時壓抑想攪拌得更均勻的心情吧。

做法

1 用熱水溶化即溶咖啡

將即溶咖啡放進耐熱容器中，再倒進熱水使其溶化。

2 攪開奶油後，加入鬆餅粉與蛋液，並攪拌均勻

用橡膠刮刀把奶油攪到光滑，再加入鬆餅粉拌勻，然後分3次加進蛋液，每次都要攪拌均勻。

3 製作咖啡麵團

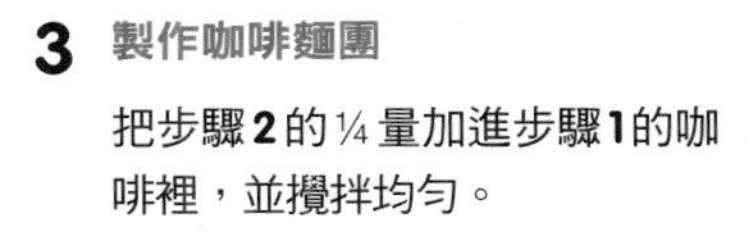

把步驟**2**的¼量加進步驟**1**的咖啡裡，並攪拌均勻。

4 混合麵團並攪拌3次

把步驟**3**完成的咖啡麵團加進步驟**2**剩下的原味麵團中，再用刮刀攪拌3次。

5 倒進模具裡

用刮刀抹平表面，然後將模具放在烤盤的正中間。

6 放進烤箱烘烤

在烤箱中烘烤約40分鐘。烘烤經過10分鐘時，麵團中央用刀尖劃出一道割痕。烤好後待其降溫，接著從模具中取出，放在網架上冷卻。

7 烘烤完成後從約20㎝高的位置往下摔

3

4

4

原味瑪芬

在 YouTube 大受歡迎的瑪芬升級囉！
任何人都能做得香濃好吃。

努力度 ★☆☆

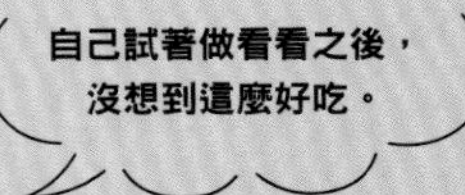

YouTube 觀眾留言

材料

（直徑約5×高4㎝的瑪芬杯6個份）

鬆餅粉……………………………1包（150g）
雞蛋………………………………1顆
牛奶………………………………100㎖
奶油（無鹽）……………………50g
砂糖………………………………50g

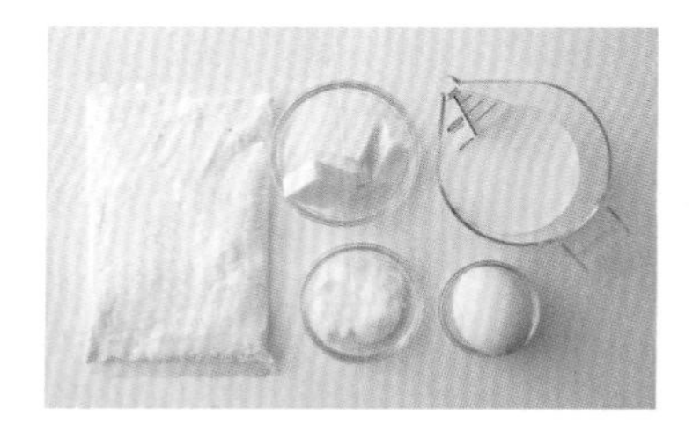

事前準備

- 雞蛋與牛奶回復到室溫。如果牛奶還有點冰就放進耐熱的碗中，用微波爐加熱約20秒。
- 奶油放進小的耐熱碗中，用微波爐加熱約40秒使其融化。
- 烤箱預熱到180℃。

讓口感更濕潤的訣竅

將砂糖增加到80g，完成後口感就會更濕潤綿軟，因為砂糖有保持水分的效果。

做法

1 依順序加進材料，而且每次都要攪拌均勻

在碗裡把蛋打散，接著依照順序加進砂糖、牛奶、鬆餅粉、融化的奶油。每次加入材料時都要用打蛋器仔細攪拌均勻。

2 倒進瑪芬杯

倒進瑪芬杯至7分滿。如果倒太多，烘烤時可能會溢出來，要多加注意。

3 放進烤箱烘烤

瑪芬杯放到烤盤上，每個杯子間都要保留一定間隔，然後放進烤箱烘烤約20分鐘。
※如果冷掉了，可以先用保鮮膜包起來，放進微波爐加熱約20秒，再取下保鮮膜放進烤麵包機裡烘烤約1分鐘，這樣就能吃到剛出爐的美味。

1

1

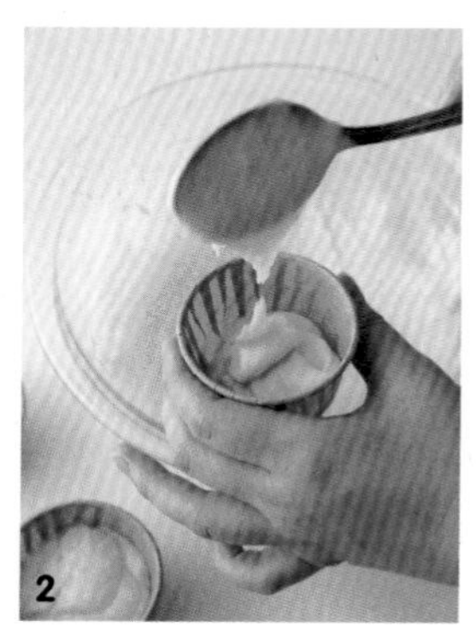
2

紅茶瑪芬&

藍莓瑪芬

熟悉原味的做法後，
就能簡單地用茶包或果醬調出不同風味。

努力度 ★☆☆

材料

紅茶瑪芬

（直徑約5×高4㎝的瑪芬杯6個份）

鬆餅粉……………………………1包（150g）
紅茶茶包（格雷伯爵茶）…2包
雞蛋…………………………………1顆
牛奶…………………………………100㎖
奶油（無鹽）……………………50g
砂糖…………………………………2大匙

藍莓瑪芬

（直徑約5×高4㎝的瑪芬杯6個份）

鬆餅粉……………………………1包（150g）
藍莓果醬…………………………60g
雞蛋…………………………………1顆
牛奶…………………………………100㎖
奶油（無鹽）……………………50g
砂糖…………………………………2大匙

事前準備

紅茶瑪芬

- 雞蛋與牛奶回復到室溫。
- 奶油放進小的耐熱碗中，用微波爐加熱約40秒使其融化。
- 烤箱預熱到180℃。

藍莓瑪芬

- 與「紅茶瑪芬」相同。

做法

紅茶瑪芬

1 加熱牛奶並放進茶葉

在耐熱碗裡倒進牛奶，用微波爐加熱約30秒，接著將茶葉從茶包中取出並放進碗中。最後蓋上保鮮膜，放置約5分鐘。

2 依順序加進材料，而且每次都要攪拌均勻

在另一個碗裡把蛋打散，然後依順序加進砂糖、步驟**1**的茶葉牛奶、鬆餅粉、融化奶油。每次加入材料時都要攪拌均勻。

3 倒進瑪芬杯並烘烤

倒進瑪芬杯至7分滿，接著放上烤盤並保留間隔，再用烤箱烘烤約20分鐘。

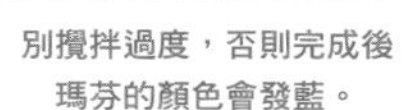

先把茶葉泡在溫熱的牛奶裡，牛奶才能吸收紅茶的香氣，瑪芬完成後更是香氣四溢。

藍莓瑪芬

1 依順序加進材料，而且每次都要攪拌均勻

在碗裡把蛋打散，然後依順序加進砂糖、牛奶、鬆餅粉、融化奶油。每次加入材料時，都要攪拌均勻。

2 加進藍莓果醬稍微攪拌一下

攪拌成有大理石狀紋路即可。

3 倒進瑪芬杯並烘烤

倒進瑪芬杯至7分滿，接著放上烤盤並保留間隔，再用烤箱烘烤約20分鐘。

酥軟原味餅乾＆巧克力杏仁餅乾

原味餅乾好吃得讓人難以想像主材料只有2項。
這是我很有自信可以推薦給大家的做法。

努力度　★☆☆

材料

酥軟原味餅乾

（切成直徑約4㎝的圓形，16～18片份）

鬆餅粉……………………1包（150g）
奶油（無鹽）……………90g
細砂糖（沾附邊緣用）……適量

巧克力杏仁餅乾

（切成直徑約4㎝的圓形，16～18片份）

鬆餅粉……………………1包（150g）
可可粉……………………2大匙
杏仁果切片………………20～30g
奶油（無鹽）……………90g
牛奶………………………2大匙
細砂糖（沾附邊緣用）……適量

事前準備

酥軟原味餅乾

- 奶油回復到室溫，先軟化到用手指按壓會留下痕跡的程度。
- 細砂糖均勻撒在鐵盤中。
- 烤盤鋪上烘焙紙。
- 烤箱預熱到180℃。

巧克力杏仁餅乾

- 鬆餅粉先混進可可粉，再用打蛋器混合均勻。
- 其餘的與「酥軟原味餅乾」相同。

做法

酥軟原味餅乾

1 將奶油攪至光滑，加入鬆餅粉後揉捏成一整塊

先用橡膠刮刀把奶油攪成像是美乃滋的狀態，接著加入鬆餅粉，以切剁的方式攪拌。攪拌成碎塊狀之後，再用手揉成一整塊。

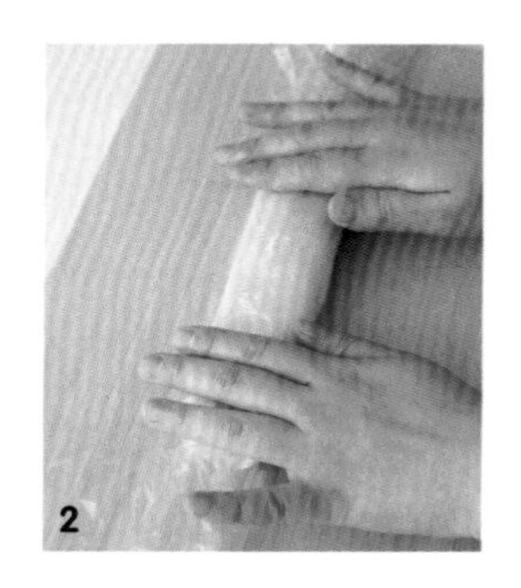

2 搓揉成棒狀，並在側面黏上細砂糖

麵團用保鮮膜包起來，然後搓揉成約24㎝長的棒狀。接著撕下保鮮膜，在鐵盤上一邊滾一邊沾黏細砂糖。

3 切片後放進烤箱烘烤

切成約1.5㎝厚的片狀，然後放上烤盤，送進烤箱烘烤12～15分鐘。

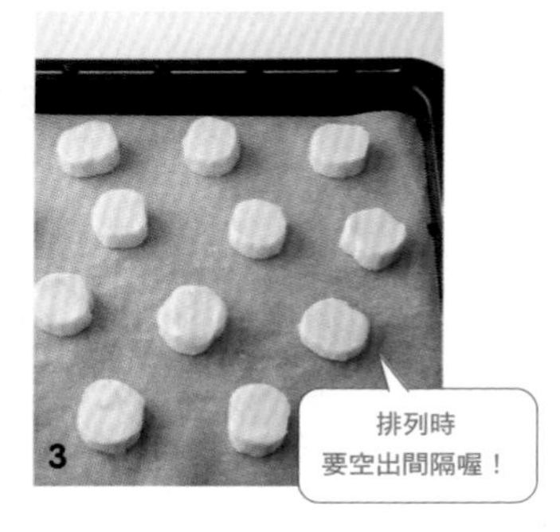

巧克力杏仁餅乾

1 將奶油攪至光滑，再依序加進材料

在奶油裡加進粉類材料，以切剁的方式攪拌。攪拌成碎塊狀後加進牛奶與杏仁果切片，最後用手揉成一整塊。

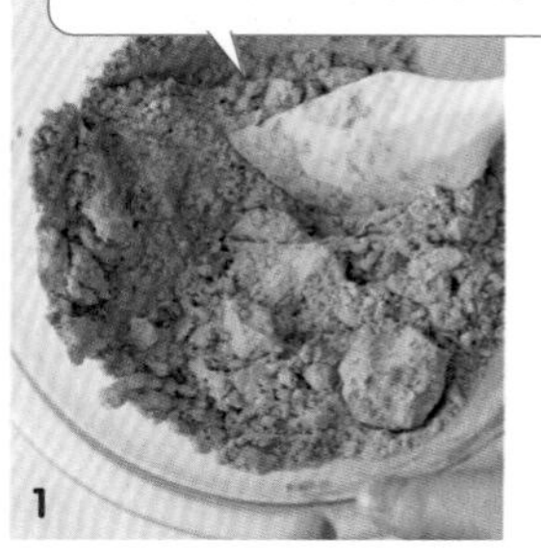

2 搓揉成棒狀，並在側面黏上細砂糖

包上保鮮膜，搓成約24㎝長的棒狀，再黏上細砂糖。

3 放進冰箱中冷藏約30分鐘

4 切片後放進烤箱烘烤

切成約1.5㎝的片狀，放上烤盤，送進烤箱烘烤12～15分鐘。

製作時的重點

由於巧克力麵團相當黏手，所以先將麵團放進冰箱冷藏一下子，會比較不黏。天氣炎熱時原味麵團也最好冰一下。

完熟香蕉巧克力蛋糕

香蕉＋巧克力的經典組合。
由於熟透的香蕉已有甜味，所以無需再加砂糖。

努力度 ★☆☆

材料

（約18×8.5×6.5㎝的磅蛋糕模具1個份）

鬆餅粉……………………………1包（150g）
香蕉（熟透）……………………2根（約200g）
板狀巧克力（牛奶口味）……2片（100g）
雞蛋……………………………2顆
奶油（無鹽）……………………50g

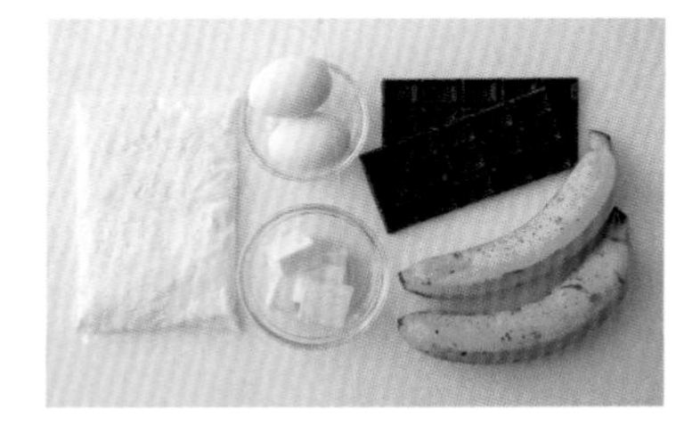

事前準備

- 雞蛋回復到室溫。
- 用叉子壓碎1根香蕉，另1根則縱向對半切。
- 1片巧克力掰斷之後，放進直徑18㎝的耐熱玻璃碗裡，另1片則用手掰成小片。
- 模具鋪上烘焙紙。
- 烤箱預熱到170℃。

多做一步的理由

之所以巧克力不是2片都先融化，而是將其中1片掰成小片加進麵團或撒在表面，是因為這麼做能讓口感與外觀更有變化。

做法

1 巧克力與奶油混在一起並使其融化

將奶油加進放有巧克力的耐熱碗裡，用微波爐加熱約1分鐘，再用打蛋器攪拌。巧克力與奶油都融化並混在一起就可以了。

2 雞蛋分開加進去，先攪拌均勻後再加進下一顆

3 加進鬆餅粉與壓碎的香蕉，再用橡膠刮刀稍微攪拌一下

4 加進掰成小片的巧克力

這時先留下一些巧克力，以便之後用來裝飾。

5 麵團倒進模具裡，再放上香蕉與巧克力

將麵團倒進模具裡，然後放上切對半的香蕉，再撒上裝飾用的巧克力。

6 放進烤箱烘烤

接下來放進烤箱烘烤約40分鐘。若插進竹籤後不會沾附生的麵團就完成了。要是還沒完全烤熟，可以蓋上鋁箔紙，以每5分鐘為單位繼續烘烤並觀察情況。最後直接放在模具裡冷卻，等降溫到手可以摸的時候就從模具裡取出。

2

3

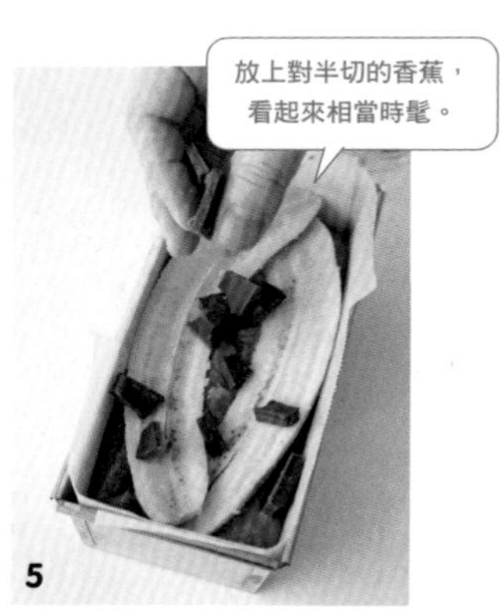

5

重乳酪蛋糕

只要混合材料再烘烤就好。
這款乳酪蛋糕做起來簡單又好吃。

努力度 ★☆☆

材料

（直徑15㎝的圓形模具1個份）

鬆餅粉……………½包（75g）
奶油乳酪…………1盒（200g）
雞蛋…………………2顆
鮮奶油……………1盒（200㎖）
砂糖…………………3大匙
檸檬汁……………2大匙

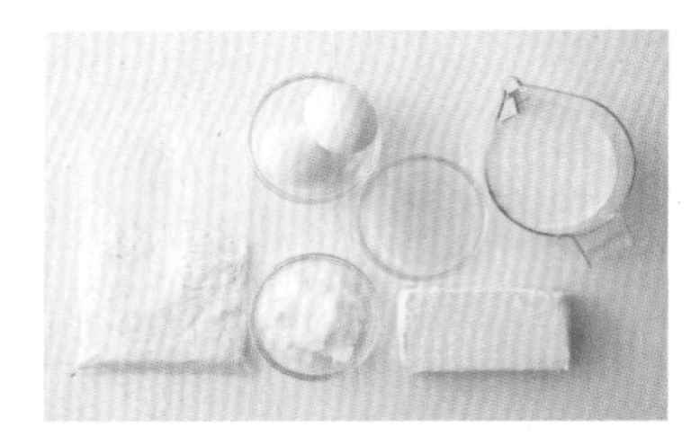

事前準備

- 奶油乳酪和雞蛋回復到室溫。
- 模具鋪上烘焙紙。
- 烤箱預熱到170℃。

材料建議

雖然加進檸檬汁能讓風味變得更清爽，不過沒有檸檬的話也沒關係，這時候可以試著加進50g的原味優格來代替檸檬。

做法

1 將奶油乳酪攪至光滑

用橡膠刮刀攪拌。

2 加進砂糖與蛋，每次都要攪拌均勻

加進砂糖並攪拌。雞蛋也是1次加進1顆，每次都用打蛋器攪拌均勻。

3 加進鮮奶油與檸檬汁，每次都要攪拌均勻

4 混入鬆餅粉並烘烤

攪拌到沒有粉狀感就OK了。接著把麵團倒進模具裡，再放進烤箱烘烤約45分鐘。

5 烘烤完成後放到網架上冷卻

等降溫到手可以摸後，就從模具中取出。

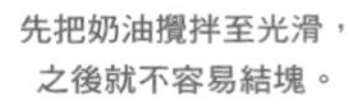

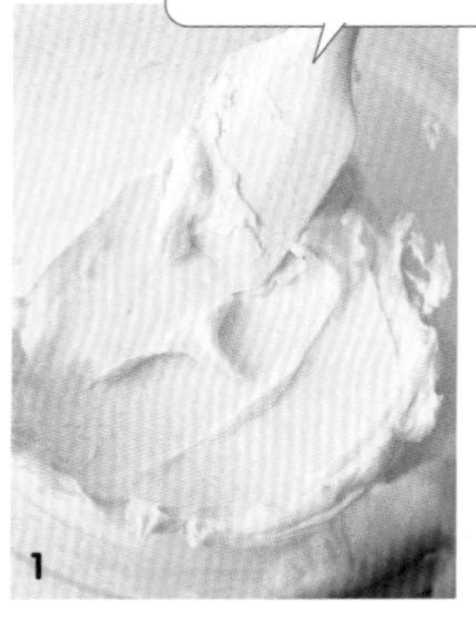

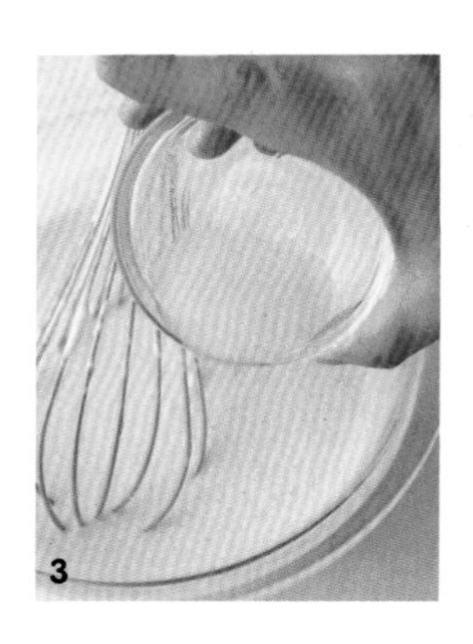

西洋梨塔

無需模具也能製作的超簡單水果塔。
水果罐頭就用特價時買回來儲備的罐頭吧！

努力度　★☆☆

材料

（大小約15×20㎝，1個份）

鬆餅粉……………………1包（150g）
西洋梨罐頭………………1罐（約400g）
奶油（無鹽）……………90g
放在上面的配料用
- 奶油（無鹽）…………20g
- 細砂糖……………………1大匙

※也可以用新鮮蘋果或香蕉代替西洋梨罐頭。

事前準備

- 西洋梨放到濾網上將汁液瀝乾，接著縱向切成1㎝寬的薄片，最後再用廚房紙巾把汁液擦乾。
- 烤盤鋪上烘焙紙。
- 烤箱預熱到180℃。

多做一步的理由

雖然有點麻煩，但一定要用廚房紙巾擦乾西洋梨。如果烘烤時塔皮裡水分太多，塔皮會變得濕答答的，口感不佳。

做法

1 融化奶油並加入鬆餅粉

將奶油放進耐熱碗裡，用微波爐加熱約40秒到融化就OK了。接著加進鬆餅粉，用橡膠刮刀攪拌均勻。

2 麵團放到烤盤上

用刮刀將麵團表面抹平。

3 蓋上保鮮膜並壓成長方形

將麵團壓成約15×20㎝的長方形，用手就可以輕鬆做到。

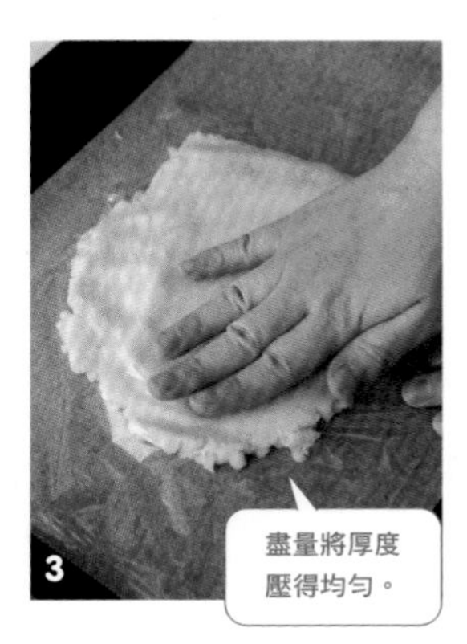

4 放上西洋梨、奶油與細砂糖

在麵團上均勻排列西洋梨，用手將奶油捏碎再放上去，最後撒上細砂糖。

5 放進烤箱烘烤

用烤箱烘烤20～30分鐘。如果看起來快烤焦就蓋上鋁箔紙烘烤。烘烤完成後直接放在烤盤上冷卻。塔皮容易碎掉，拿取時要多加注意。

鳳梨杯子蛋糕

品嘗酸甜多汁的滋味。
活用鳳梨切片原本的外形。

努力度 ★☆☆

材料

（直徑7.5×高2.5㎝的瑪德蓮鋁箔杯6個份）

鬆餅粉 ………………… 1包（150g）
鳳梨罐頭 …………… 1罐（約400g）
※保留罐頭裡的果汁3大匙。
雞蛋 …………………… 1顆
奶油（無鹽）……… 50g
牛奶 …………………… 50㎖

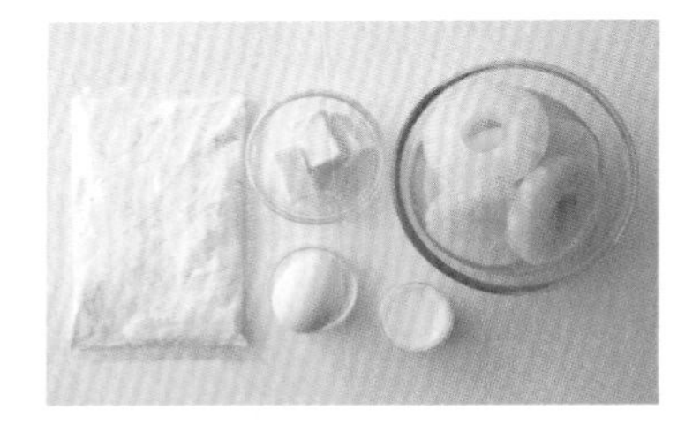

事前準備

- 雞蛋、牛奶回復到室溫。
- 鳳梨放到濾網上將汁液瀝乾，接著保留6片切片（裝飾用），剩下的都切成8等份。裝飾用的鳳梨片用廚房紙巾把汁液擦乾。
- 奶油放進小的耐熱碗裡，用微波爐加熱約40秒使其融化。
- 烤箱預熱到180℃。

烘烤程度的基準

放上鳳梨的部分可以將竹籤插進去，如果沒有沾附生的麵團就完成了。如果還沒完全烤熟可以蓋上鋁箔紙，以每5分鐘為單位繼續烘烤並觀察情況。

做法

1 蛋液裡加進果汁並攪拌

在碗中把蛋打散，加進鳳梨罐頭裡的果汁並攪拌。

2 加入牛奶、鬆餅粉、融化奶油與切塊的鳳梨，每次加入材料都要攪拌均勻

3 把麵團倒進瑪德蓮鋁箔杯，再放上鳳梨切片

麵團倒進瑪德蓮鋁箔杯至7分滿，然後放上鳳梨切片並稍微壓進麵團中。

4 放進烤箱烘烤

杯子放到烤盤上並保留間隔，然後用烤箱烘烤約30分鐘。

1

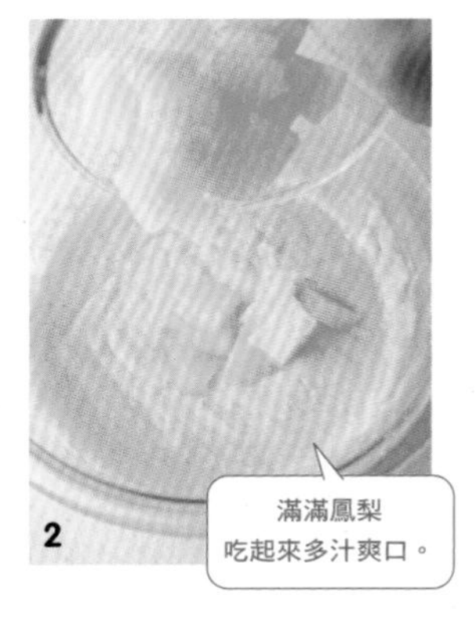
2

滿滿鳳梨
吃起來多汁爽口。

黃桃罐頭克拉芙緹

口感Q彈，也有溫和的卡士達風味。
在家就可以輕鬆做出法式經典甜點。

努力度 ★☆☆

材料

（21×14×4㎝的耐熱玻璃容器1個份）

鬆餅粉……………………½包（75g）
黃桃罐頭…………………1罐（約400g）
雞蛋………………………2顆
牛奶………………………300㎖
奶油（無鹽）……………30g
砂糖………………………3大匙

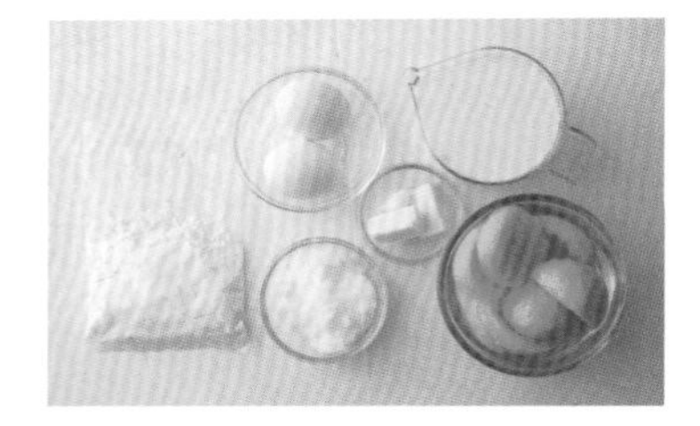

事前準備

- 雞蛋、牛奶回復到室溫。
- 用來當作模具的耐熱玻璃容器內側要塗上一層薄薄的奶油（額外份量）。
- 黃桃放到濾網上將汁液瀝乾，接著切成1㎝寬的切片，並排列在耐熱容器裡。
- 奶油放進小的耐熱碗裡，用微波爐加熱約30秒使其融化。
- 烤箱預熱到180℃。

製作的訣竅

將麵團倒進排列著黃桃的容器裡時，穩定且緩慢地倒進去就不會把黃桃沖散。

做法

1 混合鬆餅粉與砂糖，並用打蛋器拌勻

2 加進雞蛋攪拌

3 加進牛奶攪拌

一點一點地加進去並攪拌均勻。

4 加進融化奶油並攪拌

5 麵團倒進容器內

6 放進烤箱烘烤

用烤箱烘烤約20分鐘。

2

3

一點一點地加入攪拌，才不會結塊。

5

蘋果蛋糕

身為甜點初學者的我
也做得出來。

YouTube觀眾留言

完成後的美味與精緻度令人難以想像做法竟如此簡單。
濕潤綿軟的蛋糕中還能吃到蘋果的口感。

努力度 ★☆☆

材料

（直徑15㎝的圓形模具1個份）

鬆餅粉……………………1包（150g）
蘋果………………………1顆
雞蛋………………………1顆
奶油（無鹽）……………40g
牛奶………………………80㎖
砂糖………………………3大匙

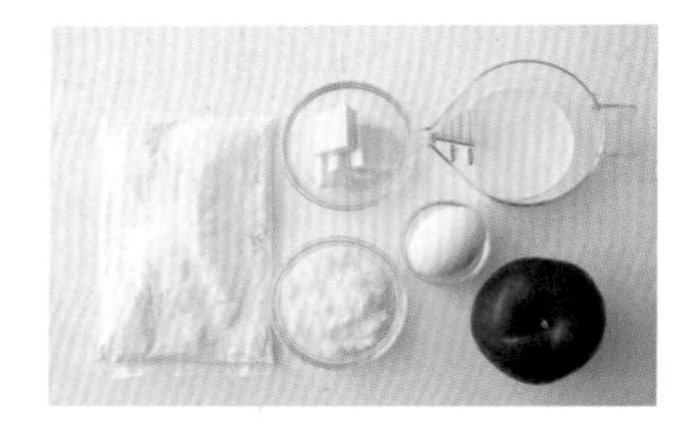

事前準備

- 雞蛋、牛奶回復到室溫。
- 模具鋪上烘焙紙。
- 奶油用微波爐加熱約40秒使其融化。
- 烤箱預熱到180℃。

材料建議

如果蘋果用紅玉等酸味飽滿的品種，那麼烤好後就會留下適當的酸味，我個人相當推薦。使用富士蘋果或津輕蘋果也可以。想進一步豐富口感的話也可選用青蘋果。

做法

1 蘋果切片

蘋果削皮後切成8等份，並去除果芯。其中4片各切成1㎝寬的小塊用來放進麵團中，剩下4片則是裝飾用，在削皮的面上縱向劃開間隔0.5㎝的割痕。

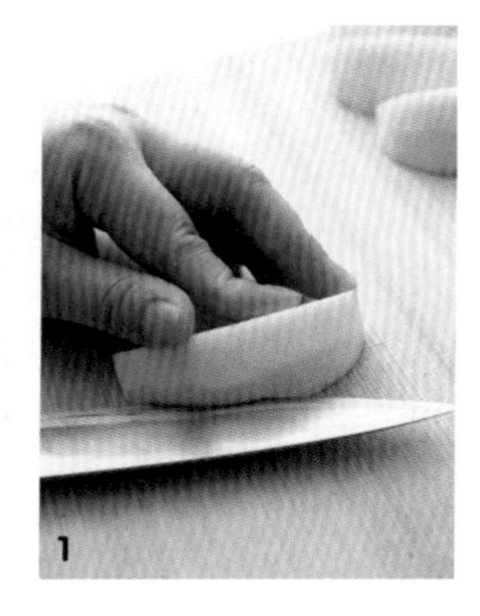

1

2 依序加入蛋、砂糖、牛奶、鬆餅粉、融化奶油，每次加進材料時都要攪拌均勻

依照順序加進蘋果以外的材料，每加入一項材料就用打蛋器攪拌均勻。

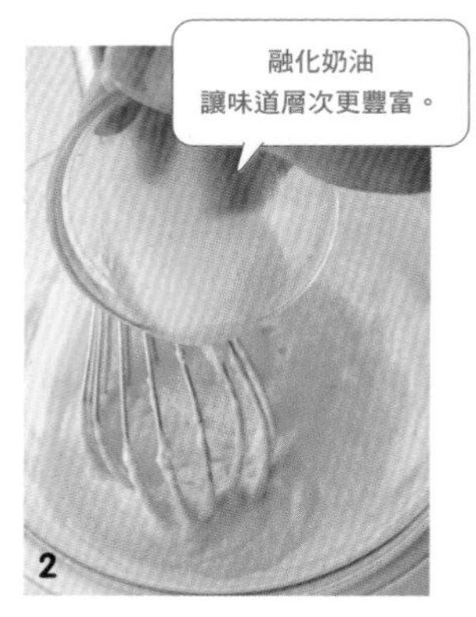

2

3 加進麵團用的蘋果，稍微攪拌一下

4 麵團倒進模具裡，並排列裝飾用的蘋果

5 放進烤箱烘烤

用烤箱烘烤約40分鐘。插進竹籤若沒有沾附生的麵團就算烤好了。烘烤完成後開始冷卻，降溫到手可以摸的程度後就從模具裡取出。等到蛋糕完全冷卻，就可隨個人喜好撒上糖粉。

4

黃豆粉烤甜甜圈

這是無需油炸的健康甜甜圈。
黃豆粉散發烘烤香氣，蜂蜜則讓口感吃起來更濕潤。

努力度 ★☆☆

材料

（直徑7㎝的甜甜圈模具5～6個份）

鬆餅粉………1包（150g）
黃豆粉………1大匙
雞蛋…………1顆
牛奶…………50㎖
蜂蜜…………1大匙
砂糖…………1大匙
玄米油………1大匙
裝飾用
黃豆粉……1大匙
砂糖………1小匙

事前準備

● 烤箱預熱到180℃。

矽膠模具的使用方法

從模具中取出時可以從下面往上推，把甜甜圈往正上方推出來。不過要注意若甜甜圈沒有完全冷卻，推出來的時候有可能會斷裂。

做法

1 依順序加入麵團材料，每次加入材料都要攪拌均勻

在碗裡將蛋打散，然後依照砂糖、蜂蜜、牛奶、黃豆粉、鬆餅粉、玄米油的順序加進碗中，每加入一項材料時都要用打蛋器仔細攪拌均勻。

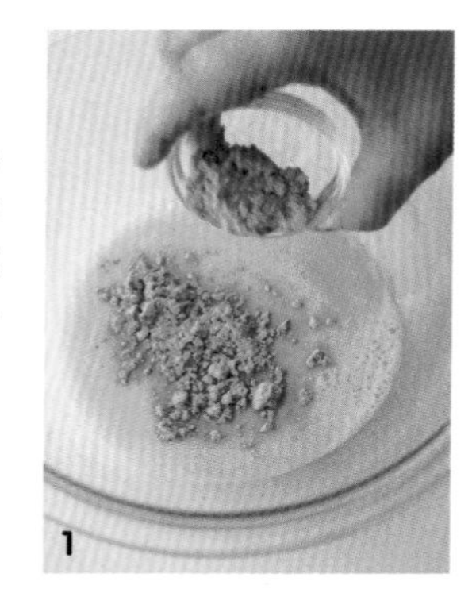
1

2 麵團倒進模具裡至7分滿

將麵團塞進塑膠袋裡，接著剪掉一個角，再從剪掉的角擠出麵團。這麼做較能輕鬆把麵團擠進模具裡。

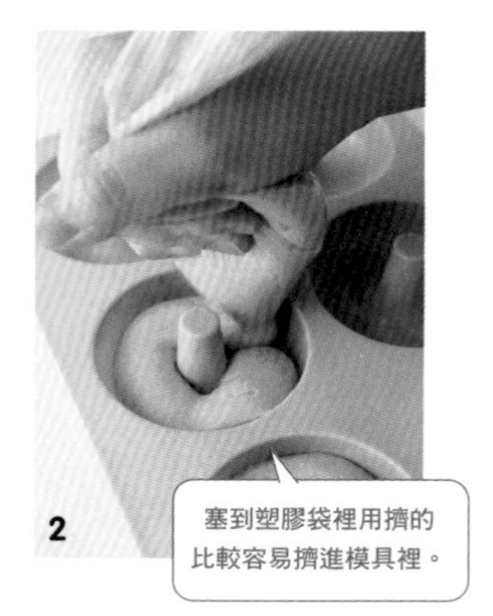
2

塞到塑膠袋裡用擠的比較容易擠進模具裡。

3 放進烤箱烘烤

用烤箱烘烤12～15分鐘。

4 放在網架上冷卻

冷卻後從模具裡取出。

5 混合裝飾用的黃豆粉與砂糖，再沾到甜甜圈上

5

濃郁巧克力蛋糕

只需5分鐘的作業就能送進烤箱，簡單好上手。
不用付出太多努力也能做出經典美味。

努力度 ★☆☆

材料

（直徑15㎝的圓形模具1個份）

鬆餅粉 ……………… ½包（75g）
板狀巧克力 ……… 2片（100g）
可可粉 ……………… 2大匙
雞蛋 ………………… 2顆
鮮奶油 ……………… 1盒（200㎖）
砂糖 ………………… 2大匙

事前準備

- 雞蛋回復到室溫。
- 先將鬆餅粉與可可粉用打蛋器混合均勻。
- 模具鋪上烘焙紙。
- 烤箱預熱到170℃。

不失敗的訣竅

雞蛋一定要回復到室溫，如果雞蛋還是冰的，巧克力就會凝固，麵團也會跟著結塊。如果沒有時間，可以把雞蛋泡在40℃的熱水裡約15分鐘回溫。

做法

1 融化巧克力與鮮奶油，並加進砂糖攪拌

在耐熱碗裡放進掰碎的巧克力塊，接著加進鮮奶油並放進微波爐加熱約1分鐘，再用打蛋器攪拌。融化後加進砂糖再次攪拌。

2 分2次打進雞蛋，且每次都要攪拌均勻

3 加進粉類材料並攪拌

加進混合好的鬆餅粉與可可粉，並攪拌均勻。

4 倒進模具後，送入烤箱烘烤

用烤箱烘烤約40分鐘。享用時可以依喜好佐以植物性鮮奶油。
※如果希望巧克力的口感更加扎實，可以將材料改為巧克力4片、可可粉3大匙、鬆餅粉30g。

善用一點小訣竅就不會失敗！

讓人不禁想稱讚自己的好吃甜點

超人氣的台灣古早味蛋糕，或是乍看之下做起來很困難的泡芙，其實都能自己親手做，實現在家品嘗到經典美味的願望。
只要掌握製作訣竅，一定會成功。讓我們一起熟悉人氣甜點的做法吧！

台灣古早味蛋糕

是否能做出綿軟柔嫩的口感，
取決於蛋白打發的方式。

努力度　★★☆

台灣古早味蛋糕

材料

（約18×8.5×6.5㎝的磅蛋糕模具1個份）

鬆餅粉……½包（75g）
雞蛋…………2顆
牛奶…………75㎖
玄米油……50g
砂糖…………3大匙

事前準備

- 玄米油先倒進直徑18㎝的耐熱玻璃碗。
- 雞蛋回復到室溫，再將蛋黃與蛋白分開，蛋白裝進直徑20㎝的碗中（如果蛋白裡含有蛋黃，那麼蛋白的打發狀況會變得不好，需要多加注意）。
- 模具鋪上烘焙紙。側面要鋪得比模具高約1㎝。
- 準備隔水加熱用的熱水（約80℃）。
- 烤箱預熱到160℃。

做法

1 加熱玄米油，然後加入鬆餅粉攪拌

在煮沸熱水的鍋子裡放進裝有玄米油的耐熱碗進行隔水加熱約2分鐘，直到玄米油的溫度上升到60～70℃左右。接下來加進鬆餅粉，用打蛋器攪拌。

2 加進溫熱過的牛奶並攪拌

將牛奶倒進小的耐熱碗中，再用微波爐加熱約20秒。

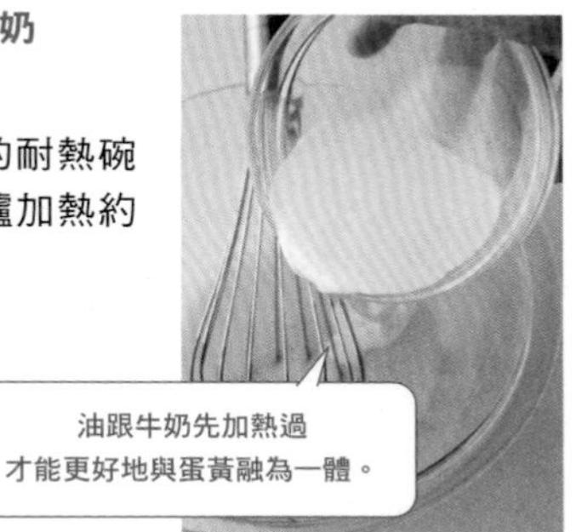

油跟牛奶先加熱過
才能更好地與蛋黃融為一體。

3 加進蛋黃並攪拌至均勻

加進蛋黃並攪拌均勻，直到整個麵團呈現光滑狀。接著先放置在一旁，之後會再加入蛋白。

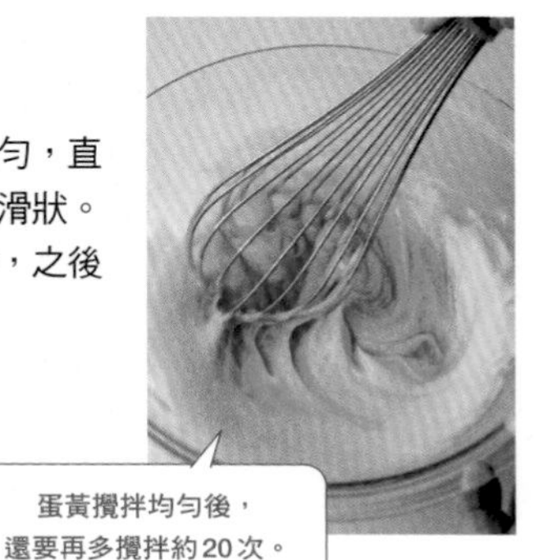

蛋黃攪拌均勻後，
還要再多攪拌約20次。

4 打發蛋白

使用電動攪拌器，一邊轉動攪拌器一邊用中速打發蛋白約1分鐘。看起來發白就OK了。

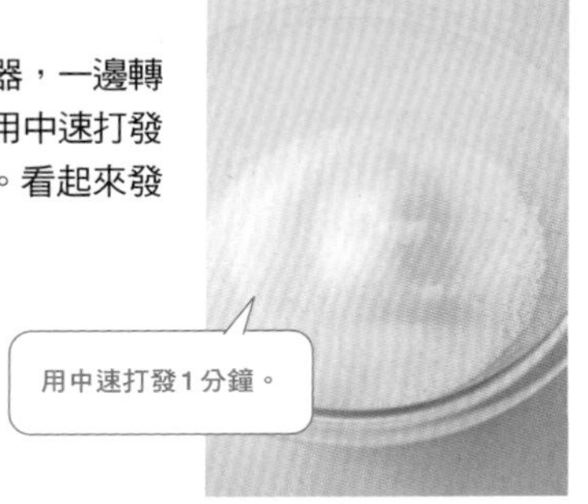

5 加進砂糖繼續打發

加進砂糖後繼續用高速打發約1分鐘，打到用攪拌器撈起蛋白時，立起來的角會彎下來的硬度。

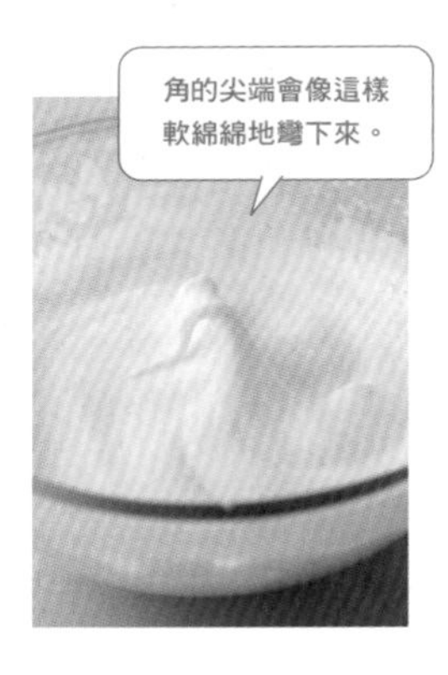

6 攪拌至光滑

在整個碗裡一邊轉動攪拌器，一邊用低速將蛋白攪拌至呈現光滑感。

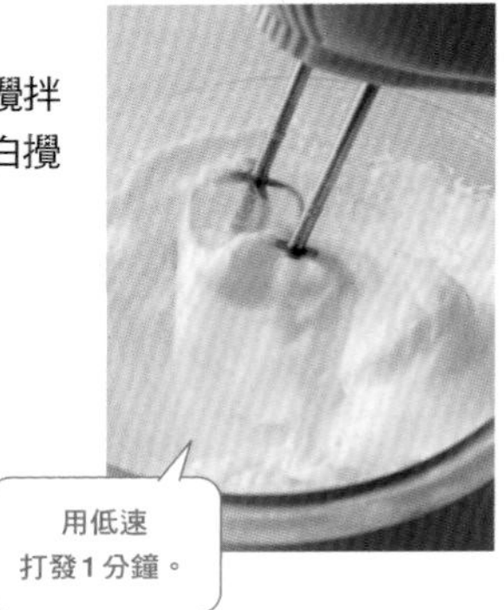

7 將步驟6的¼量加進蛋黃麵團裡並攪拌

用打蛋器像是將碗底的材料刮起來般仔細攪拌約20次。

8 將步驟7的成品一口氣加進步驟6剩餘蛋白中，然後快速攪拌

用打蛋器像畫圈般從底部把麵團撈起來，然後快速攪拌約10次。接著將麵團倒進模具裡。

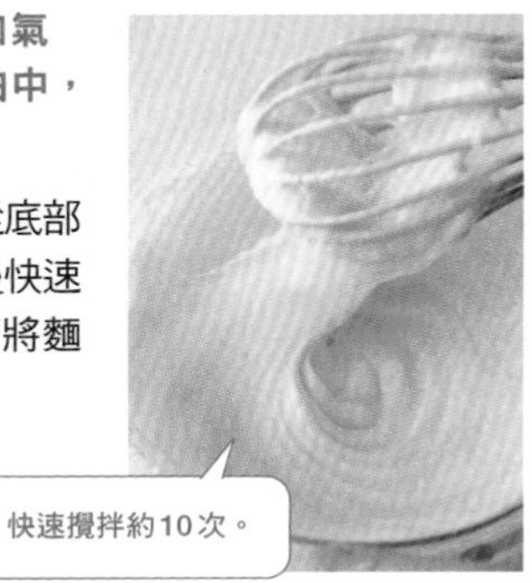

9 先於放上模具的鐵盤中注入熱水，再開始烘烤

把模具放上鐵盤，再一起放到烤盤上。在鐵盤裡注入約60℃的熱水，直到模具⅓的高度。烘烤約20分鐘，待表面出現烤色就蓋上鋁箔紙，並把溫度下降至110℃，繼續烘烤約50分鐘。

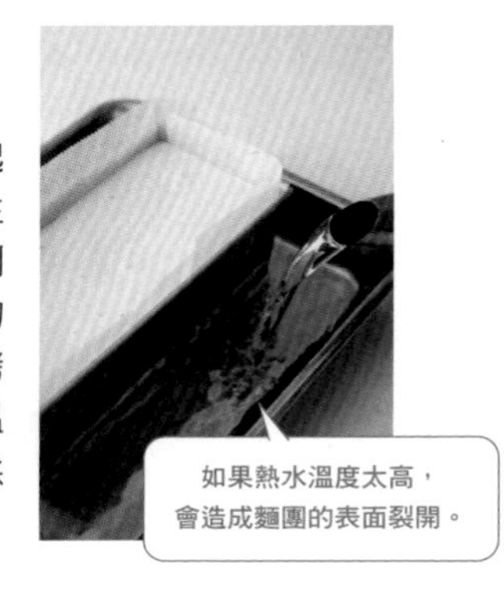

卡士達泡芙

蛋量的調整是讓泡芙膨脹良好的關鍵。
只要熟練這一項步驟就一定能成功。

努力度 ★★☆

材料

泡芙麵團

（直徑約8㎝，8個份）

鬆餅粉……………………60g
雞蛋………………………80g（約2顆）
奶油（無鹽）…………40g
鹽…………………………少許
水…………………………100㎖

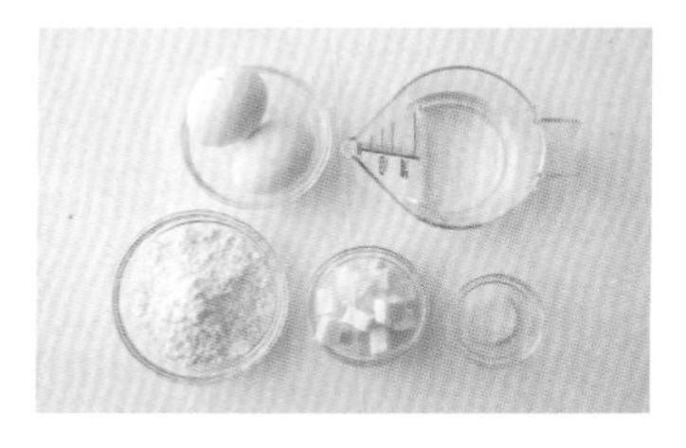

卡士達醬

鬆餅粉……………………15g
雞蛋………………………2顆
牛奶………………………300㎖
砂糖………………………4大匙

事前準備

泡芙麵團

- 雞蛋回復到室溫並仔細打散。
- 奶油切成約1㎝大小的方塊。
- 烤盤鋪上烘焙紙。
- 烤箱預熱到200℃。

卡士達醬

- 準備保冷劑或冰塊。

做法

泡芙麵團

1 奶油、水、鹽放進鍋內，並用中火煮至沸騰

鍋子建議使用直徑18㎝左右的氟素樹脂加工產品。

重點在於
要讓水完全沸騰。

2 關火之後，加入鬆餅粉並攪拌

加進鬆餅粉後用橡膠刮刀快速攪拌。當麵團結成一塊就OK了。

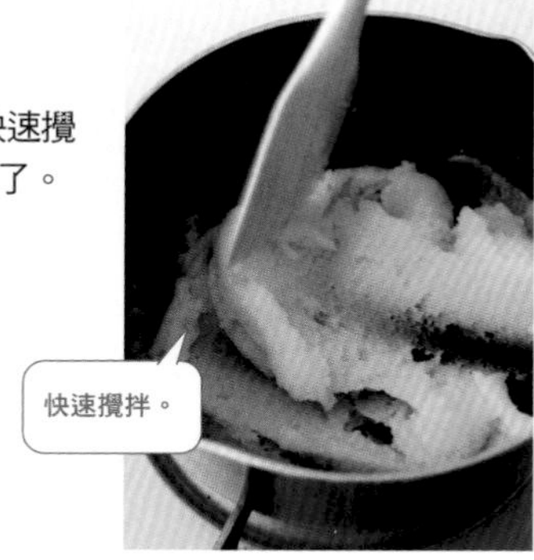

快速攪拌。

3 用小火加熱約30秒

當鍋底刮刀滑過的痕跡變得像是一層薄膜的時候，就將鍋子從火上移開。

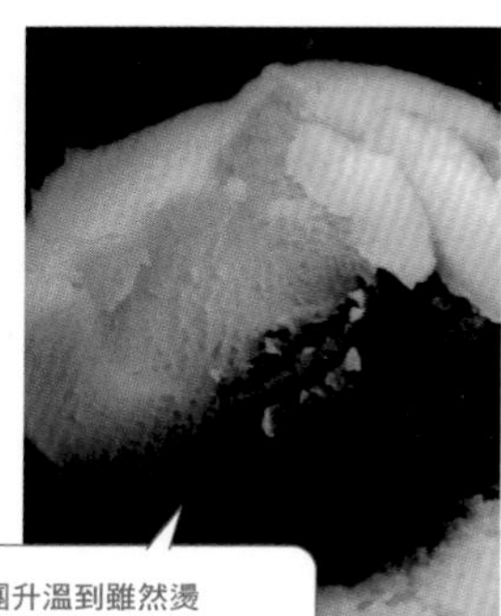

將麵團升溫到雖然燙
但還可以摸的溫度（約80℃），
泡芙會更容易膨脹。

接續下一頁喔！

卡士達泡芙

4 加進半量打散的蛋並攪拌

加進已經打散的蛋約一半的量，再用刮刀像切菜般攪拌。一開始雖然很難與麵團混在一起，但隨著攪拌會漸漸混合均勻。

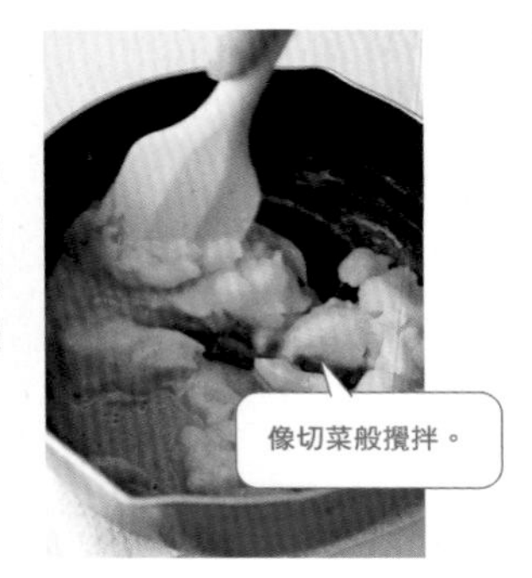

5 加進剩餘散蛋 ⅓ 的量並攪拌

當麵團結成一整塊後就開始像繞圈般攪拌。

6 接下來視情況慎重地加進剩下的蛋

當橡膠刮刀撈起麵團時會緩慢地滴落就OK了。若麵團不會滴落，或三角形的部分看起來乾巴巴的，那就以1大匙為單位逐次加進蛋液來進行調整。

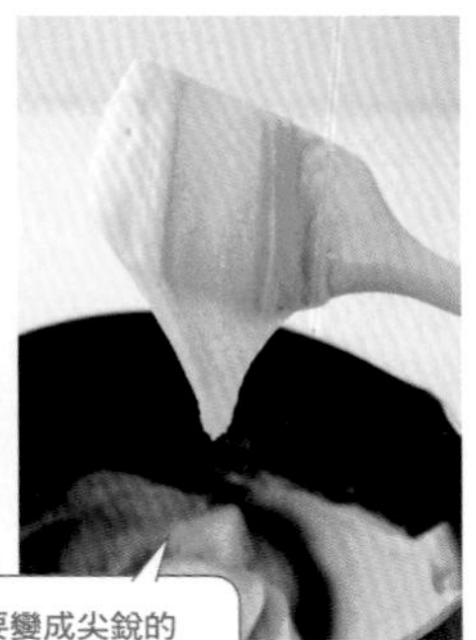

7 用湯匙撈起麵團並塑形成圓球狀

使用2支比較大的湯匙，將麵團撈到烤盤上並塑形成直徑約5㎝的圓球。

8 抹平表面

手指先沾水，再抹平麵團表面。

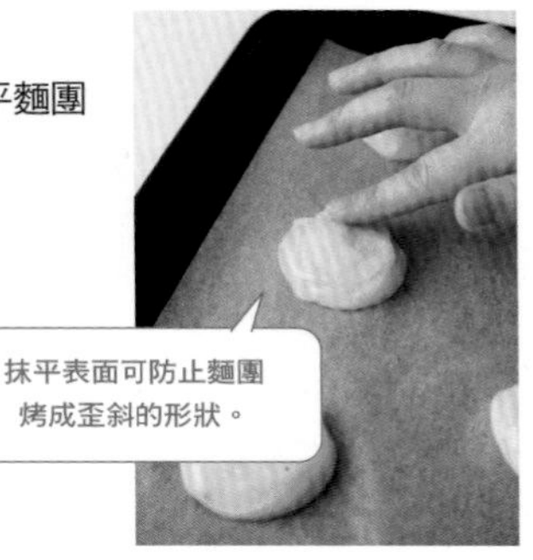

9 放進烤箱烘烤

用烤箱烘烤約15分鐘後，降溫到180℃再繼續烘烤約15分鐘。烘烤後保持關閉烤箱門的狀態約20分鐘。最後從烤箱中取出，放在網架上冷卻。

製作訣竅

在步驟**6**中，一邊觀察麵團狀態一邊謹慎加進蛋液的做法，是泡芙能否膨脹的重要關鍵。

做法

卡士達醬

1 攪拌蛋、砂糖與鬆餅粉

在耐熱碗裡將蛋打散，然後加進砂糖及鬆餅粉。每加入一項材料就要用打蛋器攪拌均勻。

2 用鍋子溫熱牛奶後，一邊加入一邊攪拌

當麵糊結成一整塊後，就一圈一圈地攪拌。

3 將步驟2的成品倒回鍋子裡，用中火煮乾

用橡膠刮刀以像是刮取鍋底、鍋邊或側面的方式攪拌麵糊。如果在煮乾的同時沒有持續攪拌的話，麵糊會煮焦並黏在鍋子上，因此手不能停。

在開始產生黏稠感前
是最容易煮焦的時候，
所以要努力攪拌。

4 持續攪拌到麵糊冒泡為止

從鍋底開始冒泡後，就再攪拌並繼續多煮30秒。當麵糊泛出光澤，呈現光滑細緻的狀態就完成了。

開始冒泡後就再煮30秒。

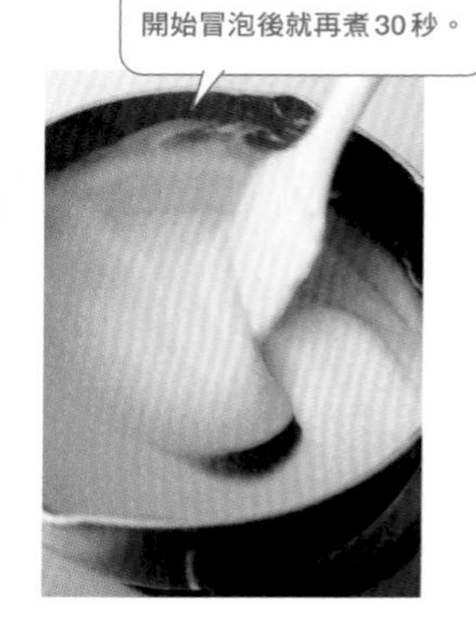

5 急速冷卻

將卡士達醬裝入鐵盤等平坦容器中，表面緊貼保鮮膜，然後從上下用保冷劑冷卻。冷卻後用刮刀攪拌到光滑。

6 將卡士達醬裝進泡芙裡

從泡芙上半部約⅓的位置水平切開泡芙，然後用湯匙將卡士達醬裝進下半部的泡芙中，最後再將上半部當成蓋子蓋起來。
※由於卡士達醬很快就會腐壞，所以在急速冷卻的當天就要吃完。

材料建議

如果只用蛋黃來製作卡士達醬，味道會更濃郁。

用瑪芬杯做戚風蛋糕

沒有戚風蛋糕模具也沒關係，
用瑪芬杯做起來也是簡單輕巧。

努力度　★★☆

材料

（直徑5×高4㎝的瑪芬杯6個份）

鬆餅粉 ············· ½包（75g）
雞蛋 ················· 3顆
牛奶 ················· 30㎖
奶油（無鹽）····· 30g
砂糖 ················· 3大匙

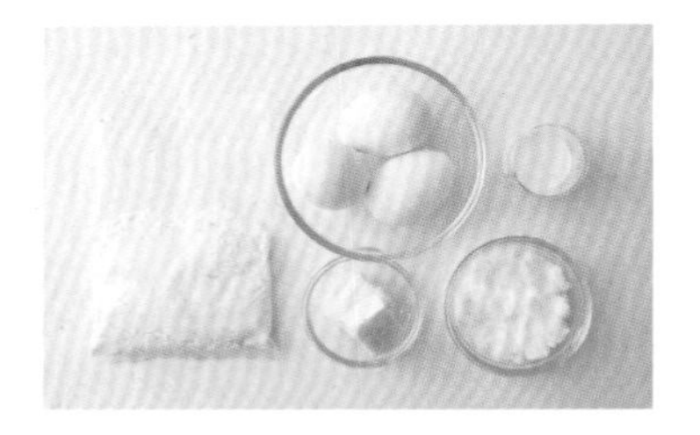

事前準備

- 雞蛋回復到室溫。接下來，將蛋黃與蛋白分開，蛋白裝進直徑20㎝的碗中（如果蛋白裡含有蛋黃，蛋白的打發狀況會變差，需要多加注意）。
- 烤箱預熱到170℃。

做法

1 用微波爐加熱牛奶及奶油

在小的耐熱碗裡放進牛奶及奶油，用微波爐加熱約40秒。

2 用打蛋器將蛋黃打發至發白

打發後會更容易與牛奶、奶油混在一起。

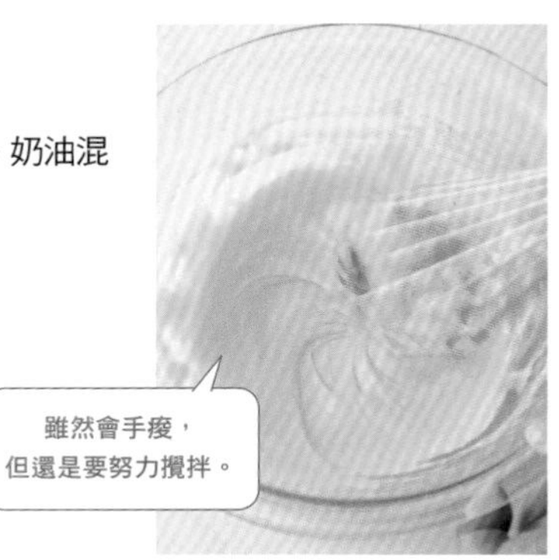

3 在蛋黃裡加進步驟1的成品及鬆餅粉，並攪拌均勻

用瑪芬杯做戚風蛋糕

4 打發蛋白

用電動攪拌器的中速打發約1分鐘，直到蛋白開始發白。攪拌的時候，要轉動攪拌器，確保能攪拌到所有蛋白。

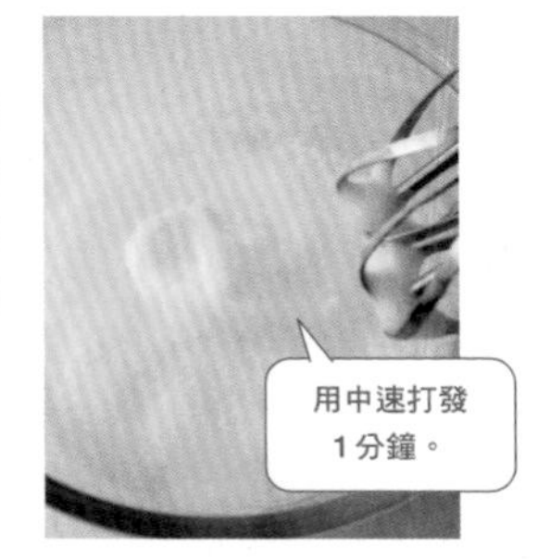

5 加進砂糖後繼續打發

加進砂糖之後，再繼續用電動攪拌器的中速打發約1分鐘。

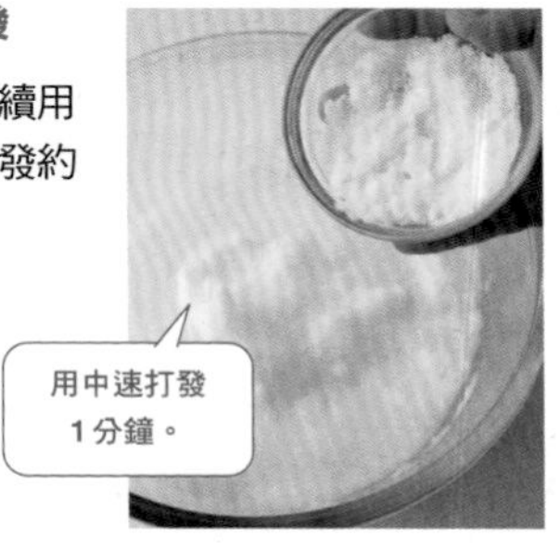

6 調成高速，再繼續打發1分鐘

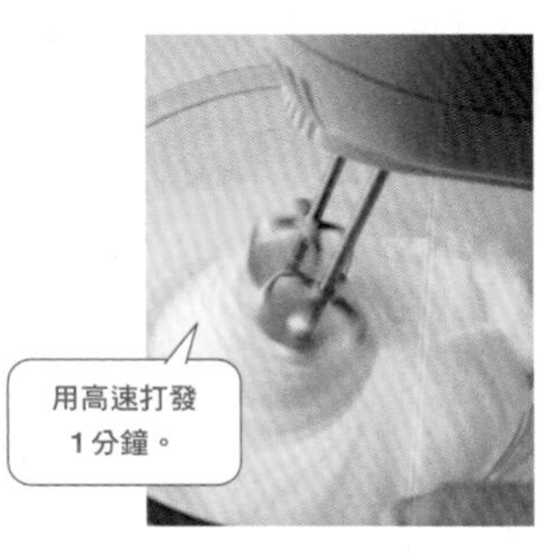

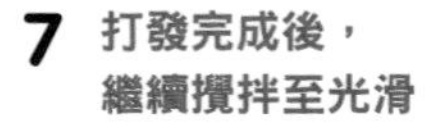

7 打發完成後，繼續攪拌至光滑

如果打發到撈起蛋白時，立起來的角會彎下去就OK了。接下來調成低速攪拌約1分鐘，把蛋白攪拌到看起來光滑細緻。

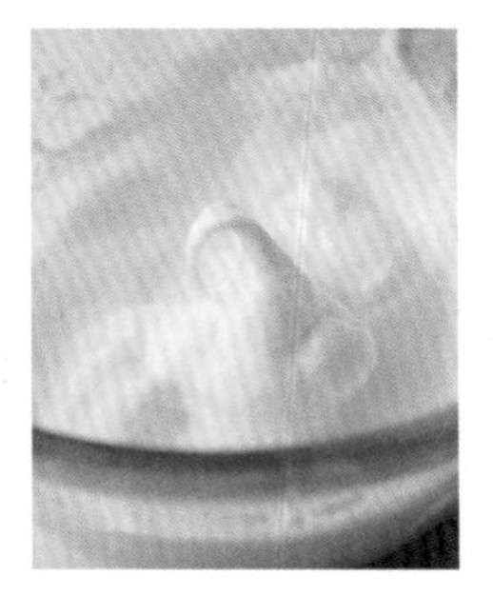

8 撈起一團步驟7的成品，並加進蛋黃麵團中攪拌

9 將步驟8的成品一口氣加進步驟7剩餘成品中，然後快速攪拌

攪拌的方式像是畫圈般，從碗底把麵團撈起來。

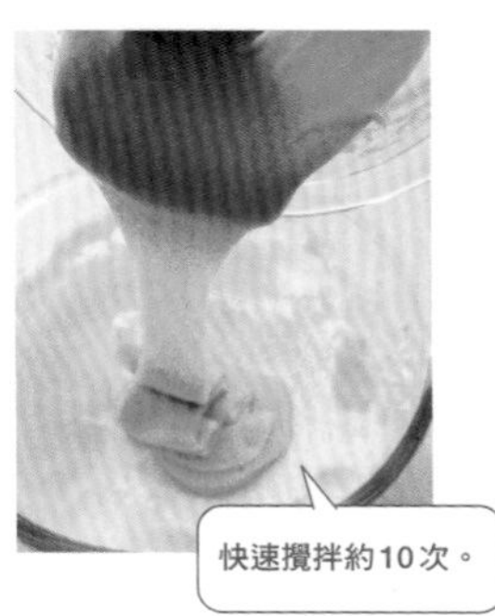

10 放進烤箱烘烤

麵團倒進模具至8分滿，然後送進烤箱烘烤約20分鐘。

做出軟綿口感的訣竅

觀察出蛋白最佳的打發狀態是很重要的。用攪拌器撈起來的時候，立起來的角會彎下去就是最佳狀態。

①在1盒（200㎖）鮮奶油中加進1大匙砂糖，打發至8分發，
再倒進裝有星形花嘴的擠花袋裡。
②在戚風蛋糕的正中間用竹籤插出一個孔。
③花嘴伸進孔的內部，然後慢慢擠出鮮奶油。
※如果一口氣擠出來，蛋糕可能會裂開或破掉，要注意這點。

沒有烤箱也OK！

用微波爐等
其他方式做出
不遜色甜點

用微波爐製作甜點，加熱時間遠比烤箱還要短，一下子就能做好。
而若是用電子鍋製作，只要按下按鈕就能放在一旁等它完成。
其他如烤麵包機或平底鍋也都能做出好吃的甜點。

用微波爐

我正在找短時間能
做出蛋糕的方法，
這真是幫了我大忙。

YouTube觀眾留言

草莓蛋糕

海綿蛋糕的部分只需用微波爐加熱不到4分鐘就完成了。
無需烤箱也能做出經典風味。

努力度 ★★★

草莓蛋糕

材料

（直徑15㎝的矽膠製圓形模具1個份）

海綿蛋糕
鬆餅粉 ……½包（75g）
雞蛋 …………2顆
牛奶 …………3大匙
玄米油 ………3大匙
砂糖 …………50g

糖漿
砂糖 …………2大匙
水 ……………2大匙

裝飾
草莓 …………適量
鮮奶油 ………1盒（200㎖）
砂糖 …………1大匙

事前準備

- 雞蛋回復到室溫。
- 準備隔水加熱用的熱水（約60℃）。
- 模具鋪上烘焙紙。

做法

海綿蛋糕

1 將蛋打散，並加入砂糖攪拌

蛋打進耐熱碗裡，用電動攪拌器的中速打散後，再加進砂糖稍微攪拌一下。

2 用中速持續打發蛋液，直到接近人體的溫度

耐熱碗放進熱水中隔水加熱，同時用電動攪拌器的高速打發。溫度上升到接近人的體溫後就從熱水中拿開。

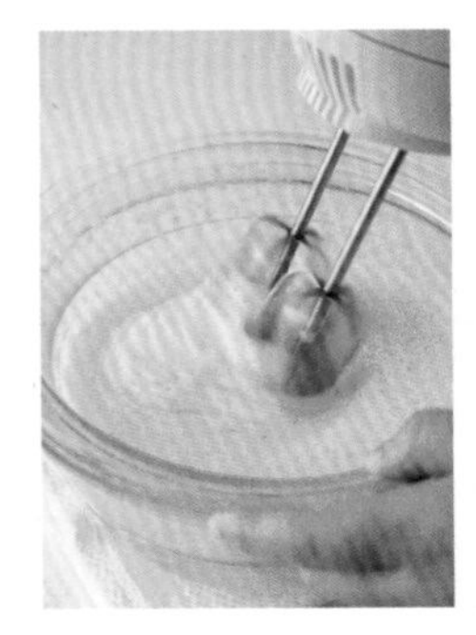

3 牛奶與玄米油也隔水加熱

牛奶及玄米油放進小的耐熱碗中並隔水加熱。

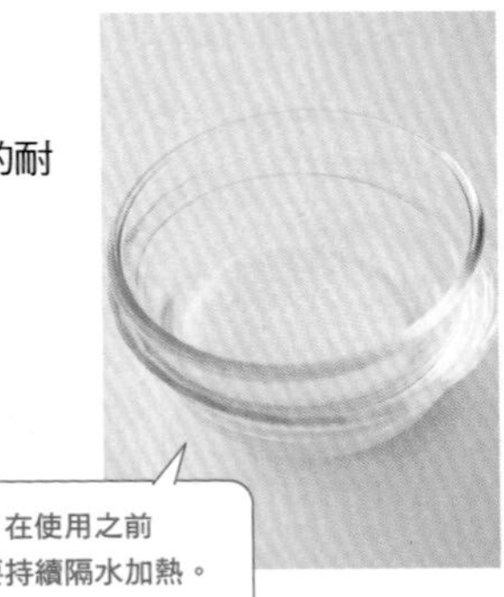

在使用之前
都要持續隔水加熱。

4 用中速將步驟2的成品打發約7分鐘

5 攪拌到光滑細緻

當拿起攪拌器會暫時留下痕跡時，就切換成低速並繼續攪拌約1分鐘，直到表面看起來光滑細緻。

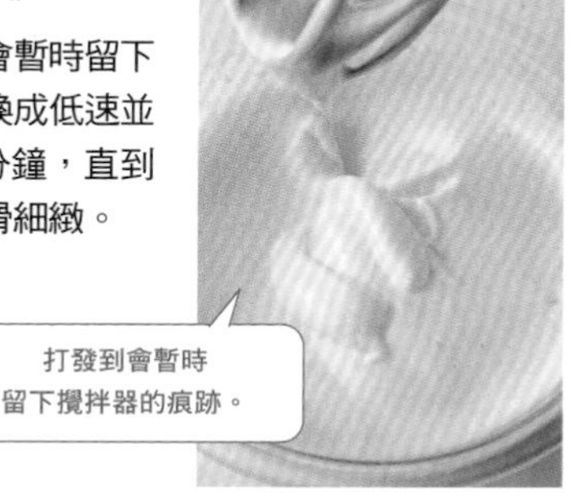

6 將鬆餅粉分3次加進去

將鬆餅粉分3次一邊篩一邊加進蛋液中。

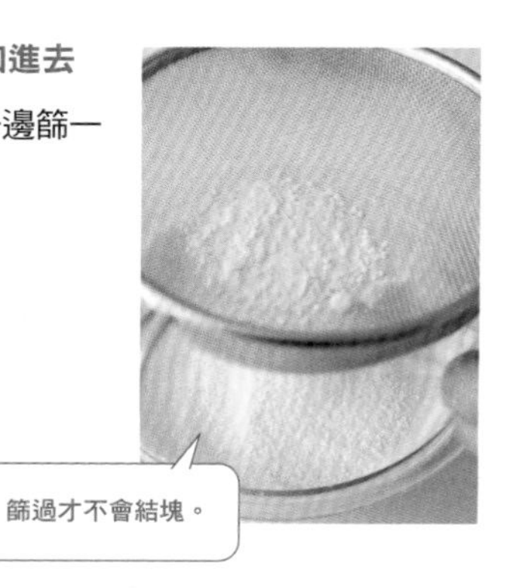

7 快速攪拌

攪拌方式如畫圈般用刮刀將麵團從碗底撈起來。

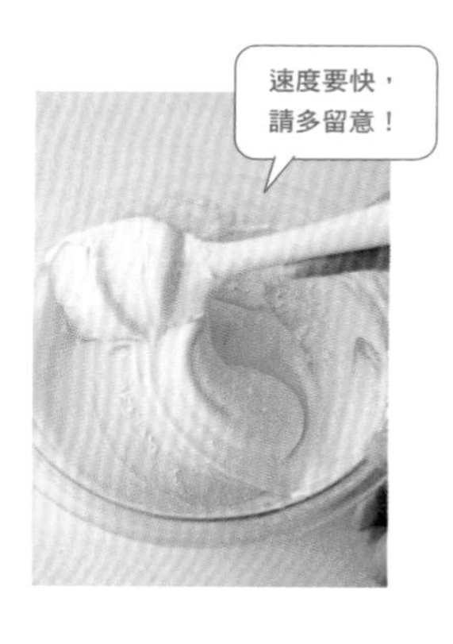

8 將玄米油牛奶繞圈倒入

將步驟**3**的耐熱碗底部擦乾，一邊用刮刀接著，一邊繞圈倒進步驟**3**的玄米油牛奶，並攪拌均勻。

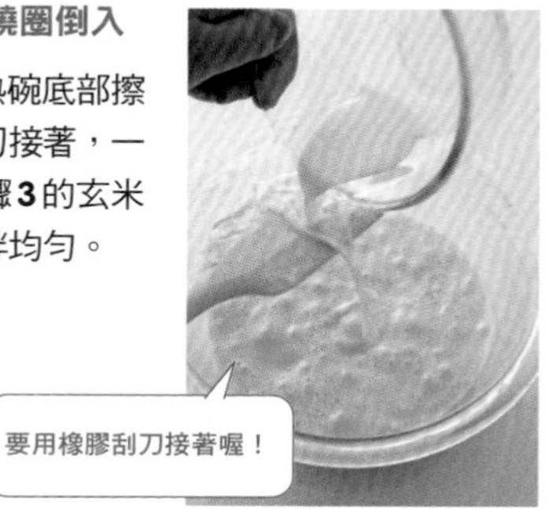

9 倒進模具裡，再放進微波爐加熱

用微波爐加熱3分～3分30秒。插入竹籤後不會沾附生麵團就代表可以了。接著把蛋糕倒出模具、放在網架上，依序蓋上廚房紙巾、保鮮膜，防止蛋糕冷卻時變乾燥。

草莓蛋糕

試著做些裝飾吧！

事前準備

排列草莓

- 糖漿用的砂糖與水放進耐熱容器，用微波爐加熱約20秒後再攪拌溶化砂糖，最後放置到冷卻。

裝飾

1 鮮奶油打發至8分發

碗中放進鮮奶油與砂糖，再連同整個碗泡進裝有冷水的碗中，並打發鮮奶油（電動攪拌器用中速）。

打發到角會挺直立起來的程度。

2 切開海綿蛋糕

將海綿蛋糕的厚度切半。可以先用直尺測量並做上記號，這樣切起來會更接近水平。

3 海綿蛋糕的切面塗上糖漿

在切開的2片海綿蛋糕切面塗上糖漿。

塗厚一點會讓海綿蛋糕吃起來更濕潤喔！

4 排列草莓

在海綿蛋糕下半部塗有糖漿的切面上，用抹刀等工具塗上鮮奶油，接著將草莓縱向切成3～4等份，在蛋糕的邊緣排成一圈並稍微突出外側，最後再朝向內側排成一圈。

5 塗鮮奶油並蓋上另一片蛋糕

草莓之上再塗一層鮮奶油，接著把海綿蛋糕的上半部蓋上去。

6 依喜好裝飾表面

這裡我用圓形花嘴的擠花袋擠出鮮奶油，並在上面裝飾幾顆草莓。

製作重點

如果排列時不讓草莓切片突出外側，並在蛋糕側面也塗上鮮奶油，就算放置一段時間仍然可以保持海綿蛋糕的濕潤口感。

熔岩巧克力蛋糕

用微波爐加熱1分鐘，
就能讓裡頭的巧克力融化成香甜流心。
趕緊趁熱享用吧！

努力度 ★☆☆

漂亮得難以想像是
用微波爐做的，
真厲害！

YouTube觀眾留言

用微波爐

材料

（直徑6.5×高4㎝的圓形烤皿6個份）

鬆餅粉……1包（150g）
巧克力（顆粒狀）……1盒（12粒）
可可粉……3大匙
雞蛋……1顆
牛奶……100㎖
奶油（無鹽）……30g
砂糖……2大匙
※這裡使用的巧克力是「DARS〈牛奶〉」。

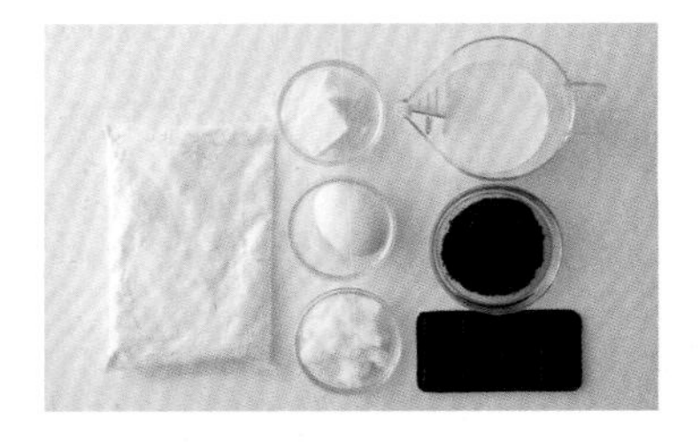

●如果想品嘗到更濃郁的巧克力流心，可以改成以下4個份的材料。

鬆餅粉……½包（75g）
巧克力（顆粒狀）……2盒（24粒）
可可粉……3大匙
雞蛋……1顆
牛奶……80㎖
玄米油……2大匙

事前準備

- 雞蛋與牛奶回復到室溫。
- 奶油放進耐熱容器中，用微波爐加熱約40秒使其融化。
- 先將鬆餅粉與可可粉混在一起，並用打蛋器混合均勻。

做法

1 依順序加入材料，每次加入都要攪拌均勻

在碗裡將蛋打散，接著依次加入砂糖、牛奶、粉類、融化奶油，每次加入材料都要用打蛋器攪拌均勻。

2 麵團倒進烤皿中，並各放入2粒巧克力

將麵團倒進烤皿的一半，並在每個烤皿中放入2粒巧克力。

3 倒進剩下的麵團，並蓋住巧克力

4 一個一個送進微波爐加熱

一個一個送進微波爐加熱，每個約加熱1分鐘。觸摸表面時若有彈性就完成了。若表面感覺尚未烤熟，就以20秒為單位，一邊觀察一邊繼續用微波爐加熱。

1

2

3

布丁蒸麵包

材料只有3種！
嘗起來充滿溫和的布丁香氣。

努力度 ★☆☆

用微波爐

材料

（15.5×15.5×5.5cm的耐熱玻璃容器1個份）

鬆餅粉⋯⋯⋯⋯⋯⋯⋯⋯1包（150g）
布丁（市售）⋯⋯⋯⋯⋯320g
玄米油⋯⋯⋯⋯⋯⋯⋯⋯3大匙

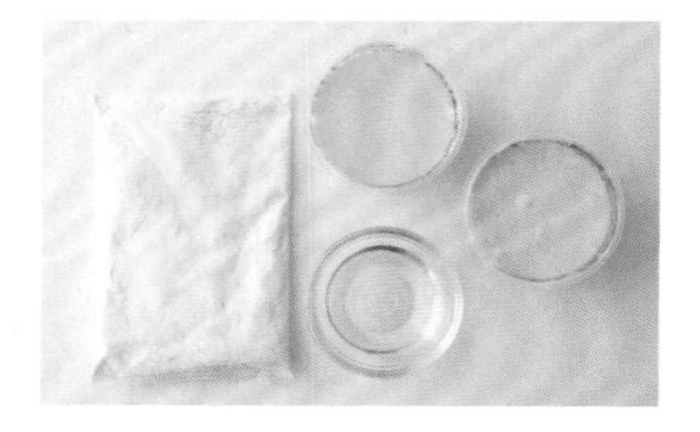

事前準備

●布丁倒進耐熱容器裡，將焦糖的部分用湯匙刮起來，另外裝到其他小的耐熱容器中。

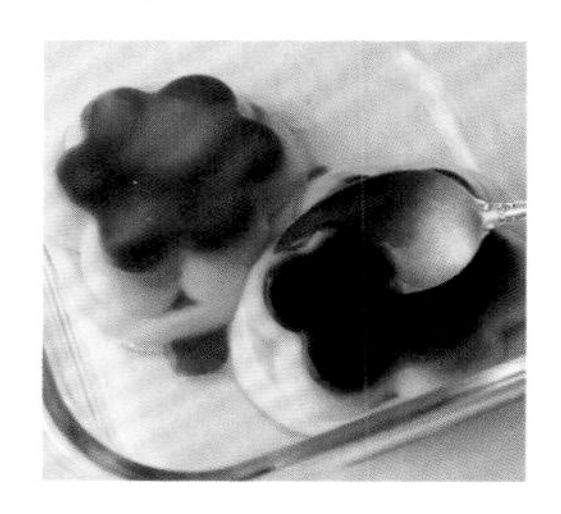

製作重點

冷卻時蓋上廚房紙巾，再蓋上一層保鮮膜，可以避免麵包冷卻後變得乾巴巴的。

做法

1 布丁裡加進鬆餅粉及玄米油

在裝有布丁的耐熱容器裡加進鬆餅粉及玄米油。

2 用打蛋器攪拌

3 蓋上保鮮膜並加熱

輕輕蓋上一層保鮮膜，放進微波爐裡加熱3分30秒～4分鐘。
※若使用的是沒有轉盤的平板式微波爐，加熱可能不均勻的話，就轉動容器的方向，多加熱20秒觀察情況。由於不同微波爐機種的加熱效果不盡相同，可以主動調整容器方向來應變。

4 將焦糖塗在表面

用微波爐加熱焦糖約10秒，讓焦糖融化後再塗到麵包表面。

因為用了布丁，
所以無需雞蛋跟牛奶！

1

2

4

鬆軟超級杯瑪芬

攪拌材料再用微波爐加熱1分鐘就做好了！
這是本書中製作時間最短的甜點。

努力度 ★☆☆

材料

（直徑6.5×高4.5㎝的瑪芬杯約6個份）

鬆餅粉 ………………………… 1包（150g）
冰淇淋（香草口味）……… 1盒（200㎖）
玄米油 ………………………… 2大匙
※這裡使用的冰淇淋是「明治超級杯香草冰淇淋」。

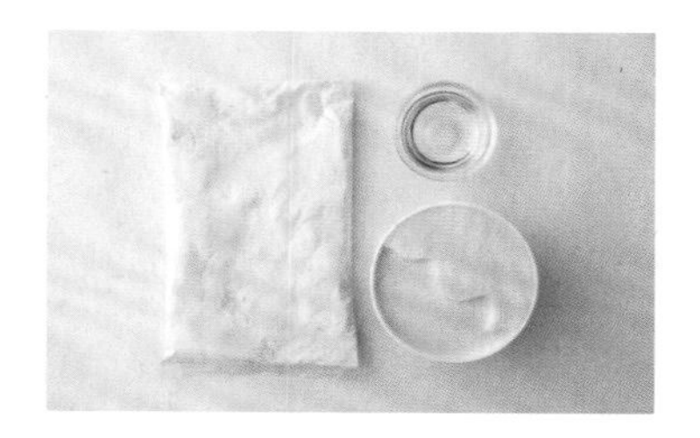

事前準備

● 冰淇淋放進耐熱碗裡，用微波爐加熱約40秒使其融化。

材料建議

冰淇淋含有蛋、砂糖、乳製品等原料，因此只要利用冰淇淋就能一次湊齊3種材料，做出瑪芬。如果換成草莓或巧克力等其他口味的冰淇淋，還能夠變化口味。

做法

1 攪拌材料

在融化的冰淇淋裡依序加入鬆餅粉與玄米油，並在每次加入材料時都用打蛋器攪拌均勻。

2 倒進模具裡用微波爐加熱

麵團倒進瑪芬杯裡至半滿，然後一個一個放進微波爐加熱，每個加熱約1分鐘。如果插進竹籤發現會沾附生麵團，那就再多加熱10秒觀察情況。

1

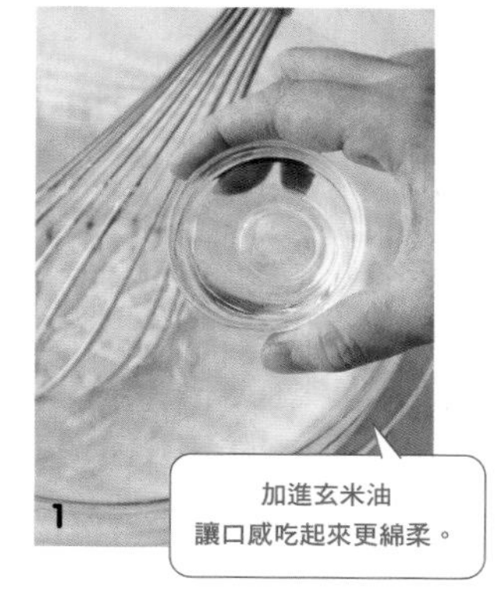
1

加進玄米油
讓口感吃起來更綿柔。

滿滿香蕉蛋糕

沒有烤箱也能做，
香氣滿溢與色澤美妙的蛋糕上桌囉！

努力度 ★☆☆

用烤麵包機

材料

（21×14×3㎝的橢圓形焗烤盤1個份）

鬆餅粉……………………………1包（150g）
香蕉（熟透）…………………3根（約300g）
雞蛋………………………………2顆
奶油………………………………30g
牛奶………………………………100㎖

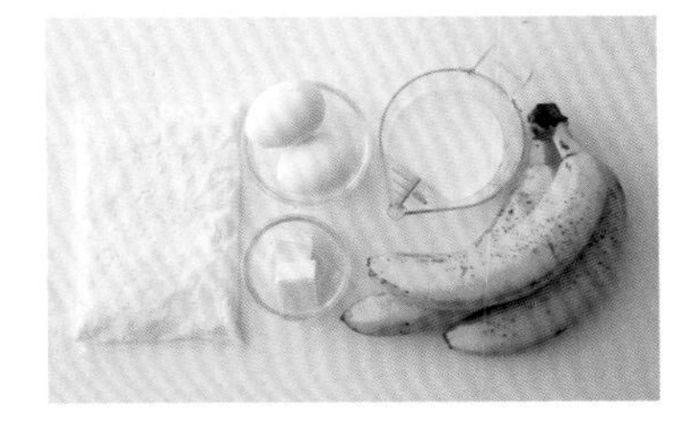

事前準備

- 雞蛋與牛奶回復到室溫。
- 奶油裝進小的耐熱碗裡，用微波爐加熱約30秒使其融化。
- 焗烤盤塗上一層薄薄的油或奶油（皆為額外份量）。

製作重點

香蕉表皮浮現黑斑就算是成熟了。如果香蕉未熟，可以剝皮後放進耐熱容器，再用微波爐加熱，每根加熱約30秒，就會產生如成熟般的濃郁甜味。

做法

1 處理香蕉

2根香蕉用叉子等壓成泥，剩下1根切片。

2 混合雞蛋、牛奶、鬆餅粉、融化奶油與壓成泥的香蕉

在碗裡將蛋打散，然後依順序加入以上材料，並在每次加入時都先用打蛋器攪拌均勻。

3 倒進焗烤盤中，並在上面排列香蕉切片

4 用烤麵包機烘烤

用1000W的烤麵包機烘烤約30分鐘。當表面出現烤色時就先蓋上鋁箔紙再烤。若插進竹籤後不會沾附生麵團就完成了。
※若使用約20㎝的正方形焗烤盤，由於深度淺，只要20分鐘就能烤好。烘烤時間會隨著焗烤盤的大小與深度改變，請一邊觀察烘烤情況，一邊調節時間。

1

2

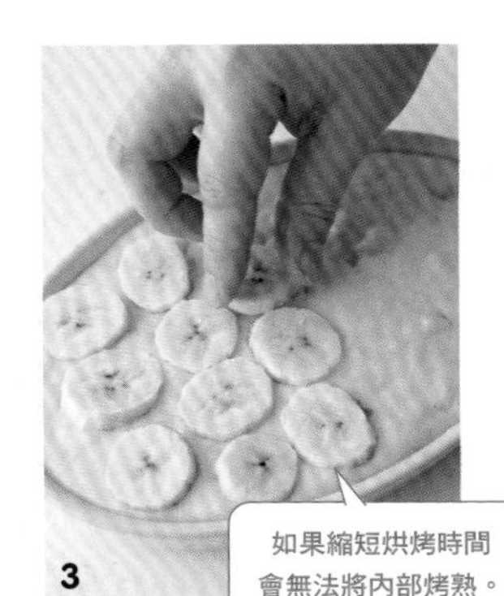
3

如果縮短烘烤時間會無法將內部烤熟。

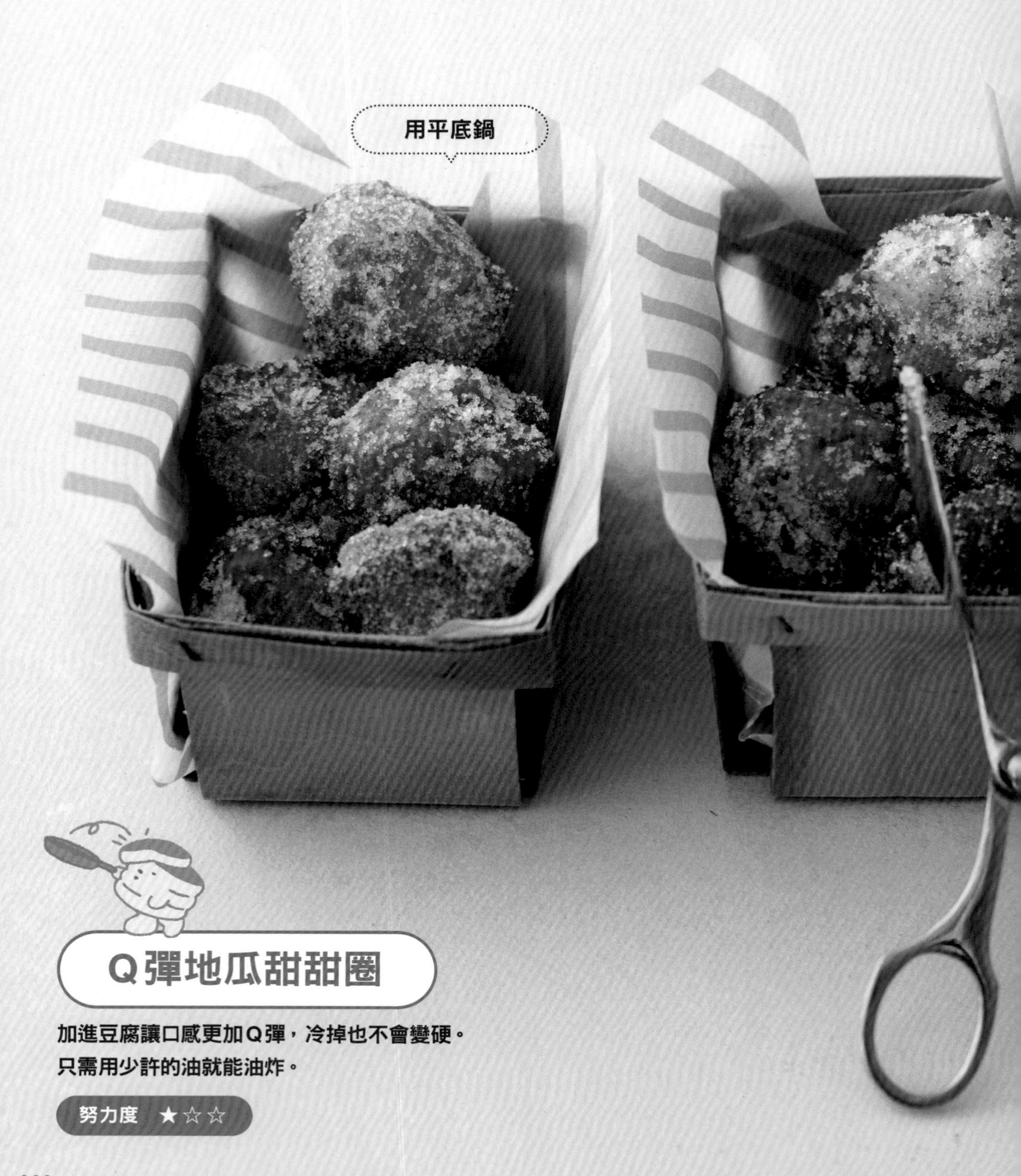

Q彈地瓜甜甜圈

加進豆腐讓口感更加Q彈，冷掉也不會變硬。
只需用少許的油就能油炸。

努力度 ★☆☆

材料

（直徑約5㎝，20～25個份）

- 鬆餅粉……1包（150g）
- 地瓜……1條（約200g）
- 嫩豆腐……½塊（150g）
- 油炸用油（有的話用玄米油）‥適量
- 細砂糖……適量

事前準備

- 地瓜削皮並切成薄片，放進耐熱碗裡並包上保鮮膜，用微波爐加熱4～5分鐘。若軟化成竹籤可以輕鬆插進去的程度就OK了（翻開保鮮膜時請小心高溫蒸氣）。
- 將細砂糖撒在鐵盤上，或裝進塑膠袋中。

製作重點

由於地瓜僅靠原本的甜味或許會不夠甜，因此可以依喜好加進2大匙砂糖。此外，雖然本書使用的森永製菓鬆餅粉可對應油炸，但若是使用其他類型的鬆餅粉，請在麵團中加入2大匙砂糖（避免麵團破裂）。

做法

1 地瓜用叉子壓成泥

2 攪拌豆腐、地瓜與鬆餅粉

取另一個碗裝進豆腐，用打蛋器壓碎後再攪拌到表面變得光滑。接著加入1的地瓜與鬆餅粉，用橡膠刮刀翻攪麵團直到麵團混合均勻。

3 將油加熱到160℃

平底鍋中倒進油炸用的油至1㎝深，然後開火加熱到約160℃。加熱時可以試著將料理長筷插進油中，當筷子前端冒出細小的泡泡後就代表加熱完成。

4 油炸

用較大的湯匙撈起約湯匙半量的麵團，再用另一支湯匙輕輕將麵團推進油鍋，油炸約3～4分鐘。油炸時要一邊翻滾一邊炸，直到麵團變成黃褐色。雖然一開始形狀會歪七扭八，但之後就會慢慢變成圓形。

5 冷卻

放到鋪有廚房紙巾的鐵盤上將油瀝乾，並趁溫熱時沾滿細砂糖。

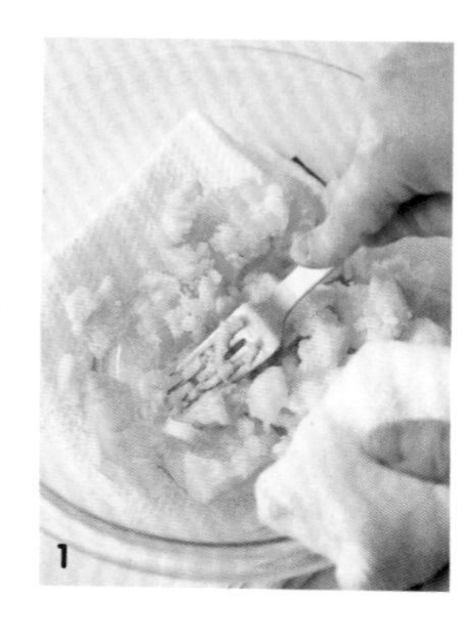

1

2

不將豆腐的水瀝乾也沒關係。

4

馬拉糕

加入滿滿的蛋，做出風味濃郁的中式蜂蜜蛋糕。
只要攪拌材料再放進電子鍋烹煮就OK了！

努力度 ★☆☆

材料

（5合電子鍋內鍋1個份）

鬆餅粉……1包（150g）
雞蛋……3顆
牛奶……50㎖
醬油……1小匙
蜂蜜……1大匙
三溫糖（沒有的話用砂糖）……4大匙
玄米油……3大匙

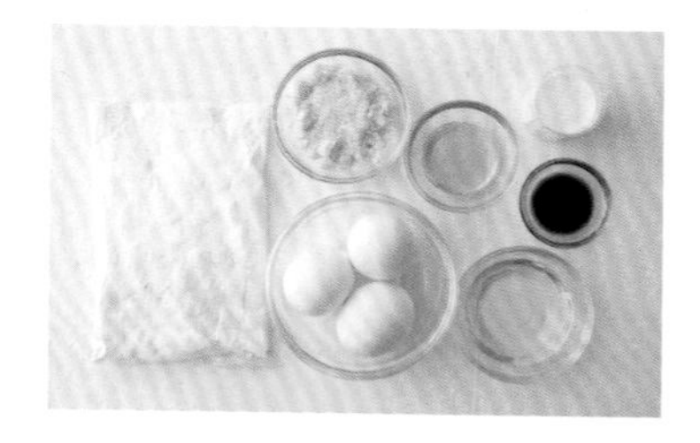

事前準備

- 雞蛋與牛奶回復到室溫。
- 電子鍋內鍋塗上一層薄薄的油或奶油（皆為額外份量）。

製作重點

如果用3大匙煉乳代替牛奶，可以讓牛奶風味更香濃。

做法

1 依順序加入材料，且每次都攪拌均勻

在碗裡將蛋打散，並依順序加入蜂蜜、三溫糖、牛奶、醬油、鬆餅粉、玄米油。每次加入材料都要先攪拌均勻。

2 倒進電子鍋裡

將麵團倒進內鍋裡，並啟動蛋糕模式烹煮。如果插進竹籤會沾附生麵團，那就再煮一次。

3 冷卻

把內鍋倒過來，將蛋糕倒在鋪好烘焙紙的盤子或木板上，接著蓋上廚房紙巾並用保鮮膜包起來，放置到冷卻。

1
用三溫糖呈現馬拉糕原有的顏色。

1
加入醬油讓蛋糕散發鹹香的味道。

3

用電子鍋

南瓜蛋糕

用南瓜皮妝點蛋糕的色彩。
味道樸實甘甜，
適合作為主食麵包。

努力度 ★☆☆

材料

（5合電子鍋內鍋1個份）

鬆餅粉……1包（150g）
南瓜…………¼顆（淨重150～200g）
雞蛋…………2顆
牛奶…………150mℓ
奶油…………40g

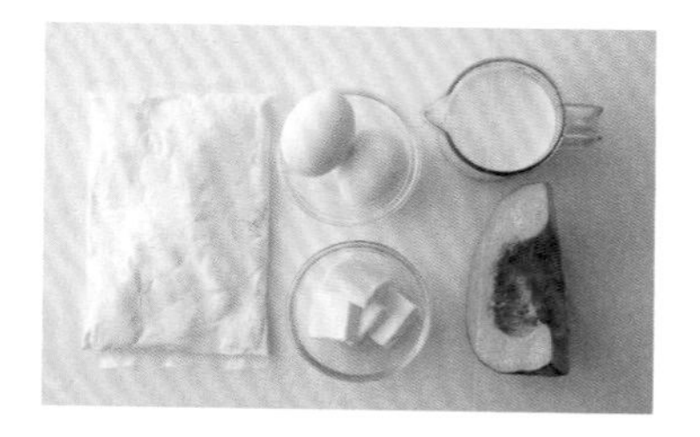

事前準備

- 雞蛋與牛奶回復到室溫。
- 電子鍋內鍋塗上一層薄薄的油或奶油（皆為額外份量）。
- 南瓜去除籽與棉絮，裝進耐熱碗裡並包上保鮮膜，用微波爐加熱約5分鐘（翻開保鮮膜時請小心高溫蒸氣）。

製作重點

使用帶皮南瓜不僅可省去削皮的麻煩，果肉的黃與果皮的綠色互相映襯，也讓蛋糕更為繽紛。

做法

1 將南瓜壓成碎塊狀的南瓜糊

趁南瓜溫熱時，用叉子等工具將南瓜壓成碎塊狀的南瓜糊。

2 加進奶油並用刮刀攪拌

攪拌後放涼。

3 加進蛋、牛奶與鬆餅粉，每次加入材料都攪拌均勻

4 倒進電子鍋裡

倒進電子鍋的內鍋裡，並啟動蛋糕模式烹煮。如果插進竹籤會沾附生麵團，那就再煮一次。

5 冷卻

把內鍋倒過來，將蛋糕倒在鋪好烘焙紙的盤子或木板上，接著蓋上廚房紙巾並用保鮮膜包起來，放置到冷卻。
※這裡只利用南瓜本身的甜度，沒有放砂糖，不過若還想味道更甜的話可以加3大匙砂糖。

1

2

因為南瓜還溫熱，
所以奶油會自行融化。

3

這麼做會更好吃！

絕品鬆餅

各位是否曾經做出又薄又塌的鬆餅呢？
趕快閱讀本章，成為鬆餅達人吧！
只要掌握一點小訣竅，就會產生驚人的差異。
若再加上一些鮮奶油、優格、味醂甚至是冰淇淋，
便能為鬆餅帶來各式各樣的美妙變化。

蓬鬆綿軟鬆餅

只需用一般的材料與烹飪用具，
也能將普通的鬆餅做得超級蓬鬆！

努力度 ★☆☆

終於不會再做出
像飛盤的扁鬆餅了……

YouTube觀眾留言

蓬鬆綿軟鬆餅

遵守加入材料的順序，
就能做出蓬鬆又扎實的厚鬆餅。

材料

（直徑約11㎝，3片份）

鬆餅粉……1包（150g）
雞蛋…………1顆
牛奶…………90㎖
裝飾用
┌ 奶油……適量
└ 糖漿……適量

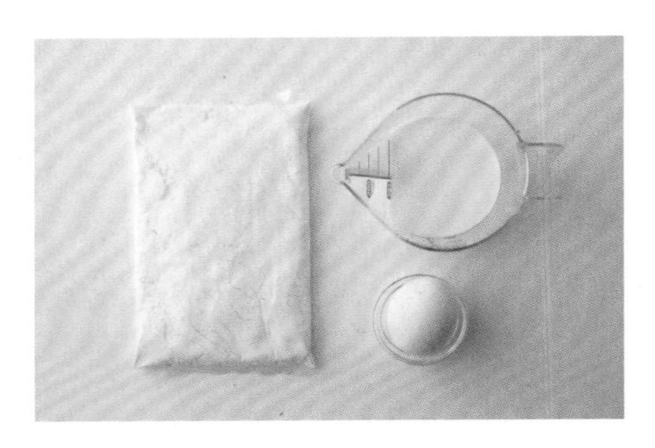

事前準備

● 雞蛋與牛奶回復到室溫。
※平底鍋建議使用不沾鍋。為了保護鍍膜，可以點極少量的油來保養。金屬製鍋鏟可能會刮傷鍋子，請避免使用。

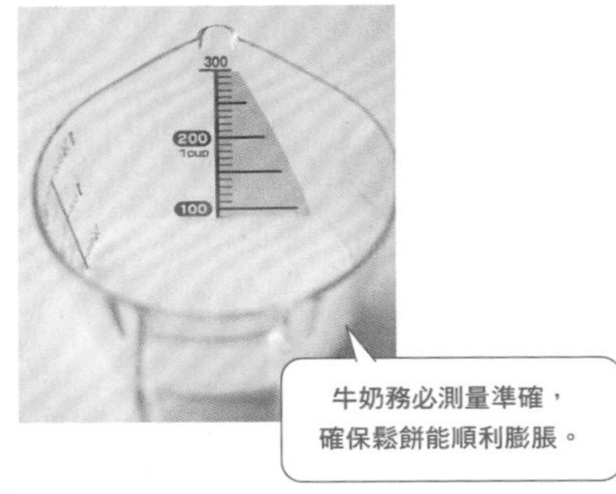

做法

1 蛋完全打散後，加入牛奶攪拌

2 加入鬆餅粉，並攪拌約20次

攪拌時如畫圈般，將麵團從底部撈起來。

3 攪拌成糊狀

攪拌到用打蛋器撈起來時會呈現緩慢滑落的狀態。殘留結塊也沒關係。

4 用中火加熱平底鍋，並墊在濕抹布上

加熱平底鍋約30秒，然後將平底鍋的底部墊在濕抹布上3秒鐘（這是為了讓熱度更均勻，避免鬆餅煎烤不均）。

5 轉成極小火並倒入麵團

火爐轉成極小火，接著撈起麵團⅓的量（約為1匙湯勺），在平底鍋中央以貼近平底鍋的位置慢慢倒進麵團（由於麵團稍硬，因此可以一邊倒一邊抖動湯勺，這樣比較容易倒進麵團）。

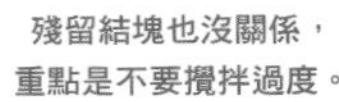

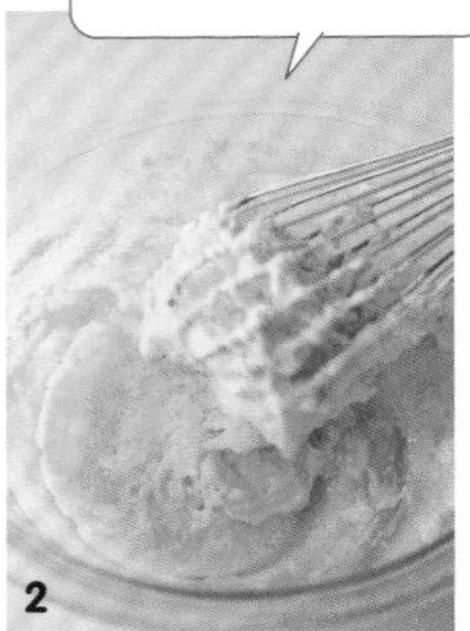

6 加蓋煎烤約3分鐘

7 翻面

當麵團表面開始冒泡且邊緣烤乾時，就對著平底鍋中央俐落地將麵團快速翻面。如果等到整個表面都烤乾才翻面，翻面後鬆餅就不太會再膨脹了。

8 加蓋繼續煎烤
2分30秒～3分鐘

當邊緣沒有黏糊感，就代表完成了。確認鬆餅狀態時也請小心燙傷。剩下2片以同樣方式煎烤。最後盛裝到器皿上，放上奶油並淋上糖漿。

製作重點

雖然製作步驟中在煎烤時並沒有用到食用油，但為了避免傷到不沾鍋的鍋面，也可以點上極少量的油。但如果油太多，表面會出現斑紋般的烤痕，要多加注意。

讓鬆餅膨脹的5個要點

1 牛奶與雞蛋先回復到室溫

太冷的材料會變得很難膨脹。牛奶務必準確計量。

2 先攪拌雞蛋與牛奶

這麼做可以避免先加鬆餅粉所導致的攪拌過度。

3 加入鬆餅粉後攪拌約20次

殘留結塊也沒關係。麵團不是乾爽的碎塊狀而是濃稠的糊狀。

4 用極小火煎烤

穩定、仔細地加熱才能讓鬆餅確實膨脹起來。

5 在表面氣泡破掉前翻面

用極小火煎烤3分鐘。等到表面都乾掉了再翻面就做不出蓬鬆的鬆餅了。

咖啡館懷舊鬆餅

用味醂及蜂蜜增添風味。
運用常見的食材就能使味道更有層次！

努力度 ★☆☆

材料

（直徑約14㎝，2片份）

鬆餅粉……………1包（150g）
雞蛋…………………1顆
牛奶…………………80㎖
奶油…………………30g
蜂蜜…………………1大匙
味醂…………………2大匙
佐料
奶油……………20g
糖漿……………適量

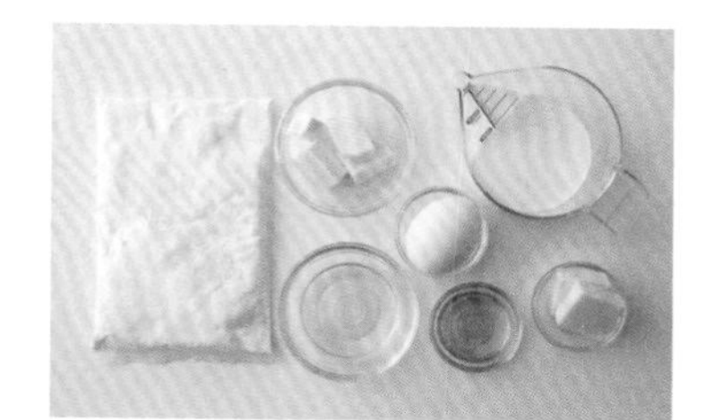

事前準備

● 雞蛋與牛奶回復到室溫。

※平底鍋建議使用不沾鍋。

製作重點

先在煎好的鬆餅上畫出十字再淋上糖漿，這樣會更入味，口感也更濕潤。

做法

1 用微波爐加熱30g奶油、牛奶、蜂蜜、味醂

用微波爐加熱約40秒。

2 依序將步驟1成品與鬆餅粉加進蛋液、攪拌均勻

將蛋打散，加入步驟1成品，並用打蛋器攪拌均勻，再加入鬆餅粉，稍微攪拌約20次。

3 用中火加熱平底鍋，並墊在濕抹布上

加熱平底鍋約30秒，然後將平底鍋的底部墊在濕抹布上3秒鐘（防止鬆餅煎烤不均）。

4 用極小火煎烤

將一半的麵團（約為湯勺½勺）倒進平底鍋中，接著煎烤約6分鐘。

5 翻面後加蓋，再煎烤約3分鐘

只要邊緣沒有黏糊感就OK了。確認鬆餅狀態時也請小心燙傷。

6 讓奶油入味

在鬆餅放上10g奶油，一邊翻面一邊讓奶油融化入味。另一片亦同。

添加味醂便能烤出富有光澤的烤色。

1

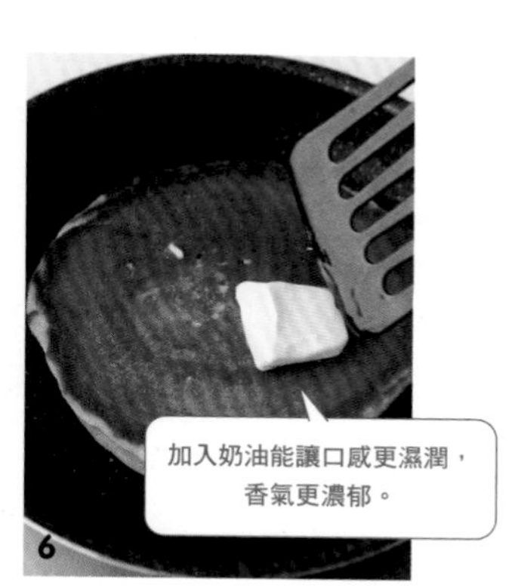

6

加入奶油能讓口感更濕潤，香氣更濃郁。

6

厚烤鬆餅

用生活百貨店商品就能烤出超厚鬆餅。
優格讓鬆餅的口感更綿軟、更濕潤。

努力度 ★★☆

材料

（直徑10.5×高5㎝的無底圓形模具2片份）

鬆餅粉……1包（150g）
雞蛋……1顆
原味優格……100g
牛奶……90㎖
砂糖……2大匙
裝飾奶油
- 奶油……30g
- 鮮奶油……50㎖
- 鹽……少許

蜂蜜……適量

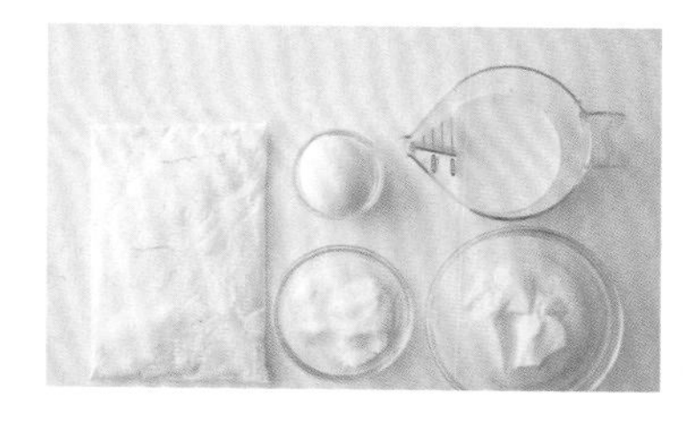

事前準備

●依照無底圓形模具的高度，在側面的內側貼上平底鍋專用鋁箔紙（這樣鬆餅就能輕鬆脫模）。

●雞蛋與牛奶回復到室溫。

※平底鍋建議使用不沾鍋。

製作訣竅

要直接將無底圓形模具翻過來會很困難，可以在翻面前輕輕取下模具，翻面後再把模具裝回去。

做法

1 依順序將材料加到蛋液中，並每次都攪拌均勻

蛋裝進碗裡並打散，然後依序加入砂糖、優格及牛奶，每次加入都用打蛋器攪拌均勻。最後再加入鬆餅粉，並稍微攪拌約20次。

2 用中火加熱平底鍋，並墊在濕抹布上

加熱平底鍋約30秒，然後將平底鍋的底部墊在濕抹布上3秒鐘（防止鬆餅煎烤不均）。

3 用極小火煎烤約15分鐘

無底圓形模具放到平底鍋上，然後將麵團倒進模具裡約7分滿，並加蓋煎烤約15分鐘。

4 翻面後繼續用極小火煎烤約5分鐘

戴上烘焙用手套，稍微舉起無底圓形模具並將鍋鏟插入底下，然後一口氣連同模具上下翻面（小心燙傷）。接著再次加蓋，繼續煎烤約5分鐘。

4

4

5 插進竹籤，不會沾附生麵團就完成了

取下無底圓形模具，並把鬆餅盛裝到盤子上。另一片鬆餅也用同樣方式製作。最後佐上裝飾奶油及蜂蜜。

※裝飾奶油的做法：奶油攪拌到光滑，然後加進打發到7分發的鮮奶油與鹽，再攪拌均勻。

5

冰淇淋鬆餅

將牛奶替換成冰淇淋，
口感就像海綿蛋糕般鬆軟綿密。

努力度 ★★☆

真是不可思議。
只要混合冰淇淋與
鬆餅粉就變成甜點了！
吃起來真是鬆軟。

YouTube觀眾留言

材料

（直徑8～9㎝，7～8片份）

鬆餅粉……………………………1包（150g）
冰淇淋（香草口味）………1盒（200㎖）
雞蛋………………………………1顆
※這裡使用的冰淇淋是「明治超級杯香草冰淇淋」。

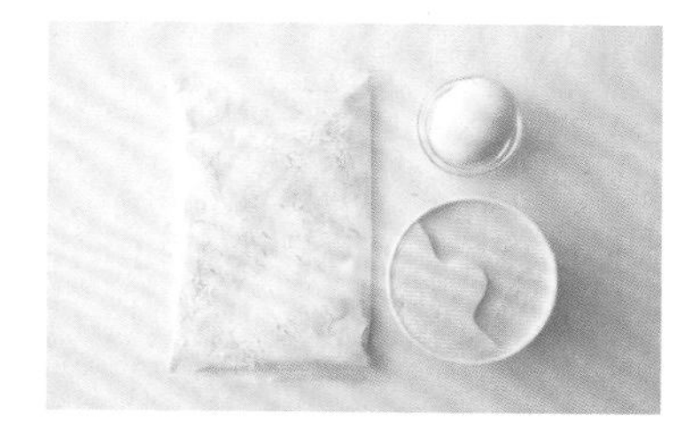

事前準備

- ●雞蛋回復到室溫。
- ●冰淇淋放進耐熱碗裡，用微波爐加熱約40秒使其融化。

※平底鍋建議使用不沾鍋。

材料建議

只要將冰淇淋換成抹茶或巧克力口味，便能輕鬆變換風味。

做法

1 依序將冰淇淋與鬆餅粉加進蛋液、攪拌均勻

蛋裝進碗裡並打散，然後加入融化的冰淇淋並用打蛋器攪拌均勻。接著再加入鬆餅粉，稍微攪拌約20次。

1

2 用極小火煎3分鐘後翻面，接著加蓋再煎3分鐘

加熱平底鍋約30秒後，將平底鍋底部墊在濕抹布上3秒鐘。接著爐火轉成極小火，用湯勺撈½勺麵團，在貼近平底鍋的位置將麵團倒在平底鍋中央。當表面開始冒泡，邊緣呈現烤乾的狀態後就翻面。如果等到整個表面都烤乾了再翻面，翻面後就不太會膨脹了。最後確認邊緣沒有黏糊感就完成了，小心不要燙傷。剩下的量也用同樣方式煎烤。

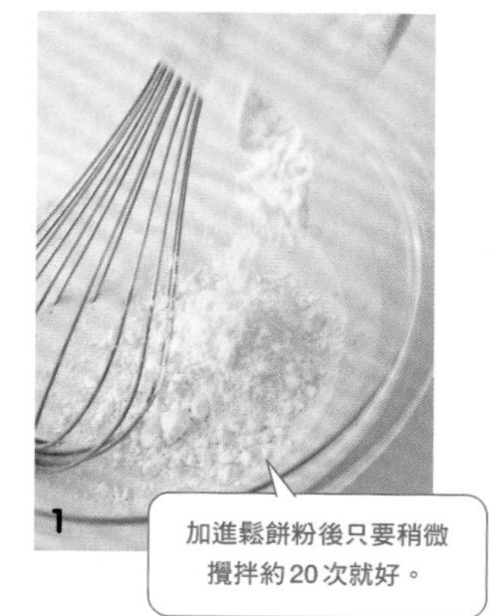
1

加進鬆餅粉後只要稍微攪拌約20次就好。

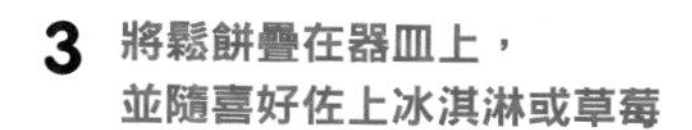

3 將鬆餅疊在器皿上，並隨喜好佐上冰淇淋或草莓

繪本風鬆餅

有了電子鍋就不用太多技術了。
鮮奶油可塑造出入口即化的口感。

努力度 ★☆☆

材料

（5合電子鍋內鍋1個份）

鬆餅粉……1包（150g）
雞蛋…………1顆
鮮奶油……1盒（200mℓ）
砂糖…………3大匙
裝飾用
　奶油……適量

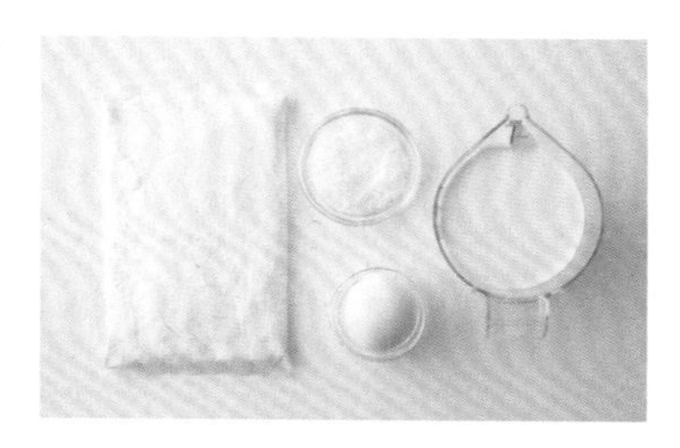

事前準備

- 雞蛋回復到室溫。
- 電子鍋內鍋塗上一層薄薄的油或奶油（皆為額外份量）。

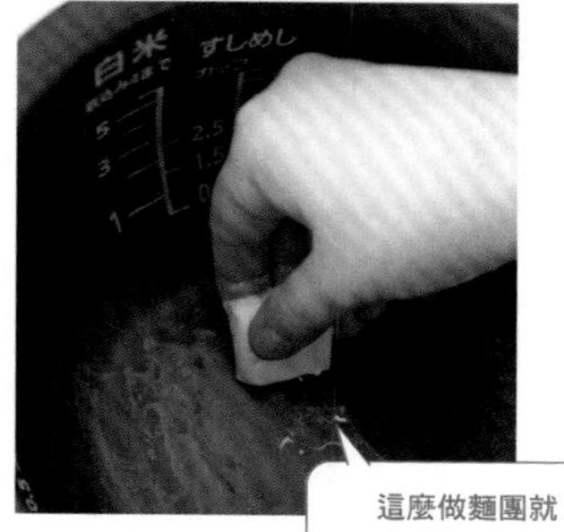

這麼做麵團就
不會黏在鍋子上。

做法

1 依序將材料加進蛋液中，每次加入都攪拌均勻

打散蛋液，然後依序加進鮮奶油與砂糖，每次加入材料都先用打蛋器攪拌均勻。最後再加入鬆餅粉，並稍微攪拌約20次。

1

2 倒進電子鍋裡

將步驟**1**成品倒進內鍋，啟動蛋糕模式烹煮。

3 將鬆餅倒出內鍋並盛盤，切成4等份後放上奶油

將冷掉的鬆餅加熱到如同剛煎好的方法

先在鬆餅兩面噴上水霧或用手彈上水滴，然後將每片鬆餅用保鮮膜包起來，放進微波爐加熱30～40秒。雖然這樣就很好吃了，但若能再用烤麵包機烘烤約1分鐘，外皮會變得更加酥鬆。

解凍後也很好吃！鬆餅冷凍保存的方法

趁鬆餅剛煎好還熱騰騰時，每片都用保鮮膜包起來，放涼後裝進冷凍用保鮮袋裡，放進冷凍庫冷凍（約可保存1個星期）。解凍時只要直接用微波爐加熱40～50秒即可。

有如專賣店甜品！

私藏甜點

如果能在家中自己做出
時髦咖啡廳或人氣專賣店的甜點就好了……
你是否有過這樣的願望呢？
現在就來實現這些願望吧！
法蘭奇甜甜圈採用不油炸的做法。
用章魚燒機做雞蛋糕可以跟大家一起同樂！
能夠吃到剛出爐的正統舒芙蕾起司蛋糕，
也是自己親手製作甜點才能體驗到的樂趣。

不油炸！原味法蘭奇甜甜圈

用泡芙麵團製作，口感輕盈無比。
不論多少個似乎都吃得下呢！

努力度 ★★☆

不用油炸，
真是美味又健康呢♫

YouTube觀眾留言

不油炸！原味法蘭奇甜甜圈

材料

（直徑約8㎝，6個份）

鬆餅粉……1包（150g）
雞蛋……3顆
奶油……50g
鹽……少許
水……150㎖
裝飾用
- 植物性鮮奶油（市售）……適量
- 板狀巧克力……適量
- 糖粉……適量

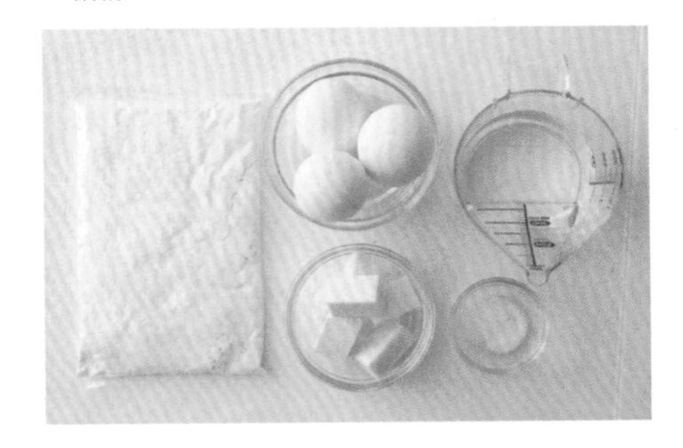

事前準備

●奶油回復到室溫。
※計量時若先切成小塊，加熱時就馬上就會融化，水分不會逸散太多。
●雞蛋回復到室溫，並仔細打散。
●烤盤鋪上烘焙紙。
●烤箱預熱到200℃。
●準備擠花袋與星形花嘴。

做法

1 放入奶油、水、鹽，並用中火煮至沸騰

2 加進鬆餅粉，並加熱約1分鐘

加進鬆餅粉後快速攪拌。當麵團結成一整塊時，就用中火加熱約1分鐘，同時用橡膠刮刀像將麵團抹在鍋子上般攪拌。

3 加進半量的蛋液並攪拌

像用刮刀切菜般攪拌。一開始麵團跟蛋液可能很難混在一起，不過之後就會慢慢融為一體了。

4 加進剩下蛋液的⅓量並攪拌

加進⅓量並攪拌後，就以1大匙為單位，一匙一匙加進剩下的蛋液並攪拌，直到麵團變成糊狀。攪拌至用刮刀撈起來時麵團會緩慢滴落，形成倒三角形就可以了。

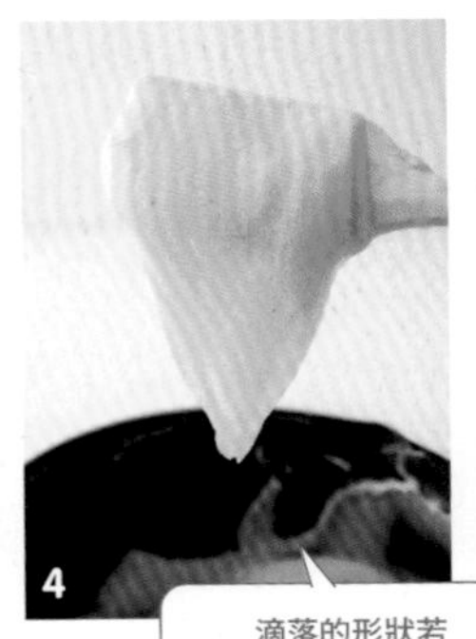

滴落的形狀若呈現倒三角形為最佳。

5 擠出2圈

將步驟**4**成品倒進裝有星形花嘴的擠花袋，在烤盤上擠出1圈直徑8㎝的環，並在環上再擠1圈。

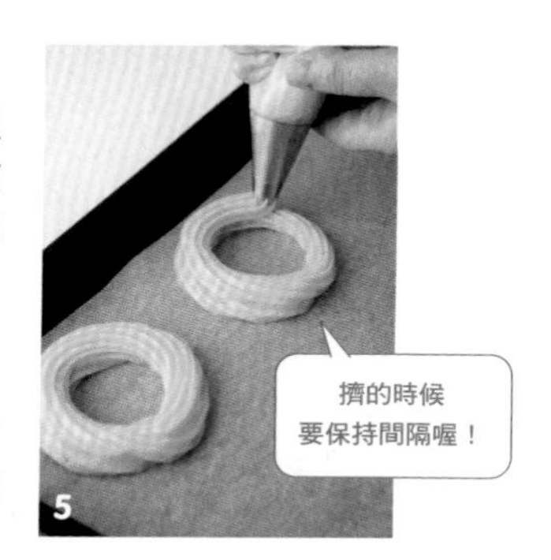

6 放進烤箱烘烤

烘烤約10分鐘後，不打開烤箱門、將溫度調降到160℃，再繼續烘烤30～40分鐘。最後放到網架上冷卻（在出現烤色前都不要打開烤箱門）。

7 裝飾

巧克力裝進耐熱容器，每片用微波爐加熱約50秒使其融化。接著將甜甜圈厚度切半，把植物性鮮奶油塗在下半部的切面上然後夾起來。上半部一半泡進巧克力中，另一半用濾茶網篩上糖粉（可隨喜好自由搭配變化）。

咖啡店風巧克力司康

大塊巧克力讓口感又酥又軟，
推薦當成早午餐享用。

努力度 ★☆☆

材料

（6個份）

鬆餅粉……………………1包（150g）
板狀巧克力……………1片（50g）
奶油………………………50g
牛奶………………………3大匙
砂糖………………………2大匙

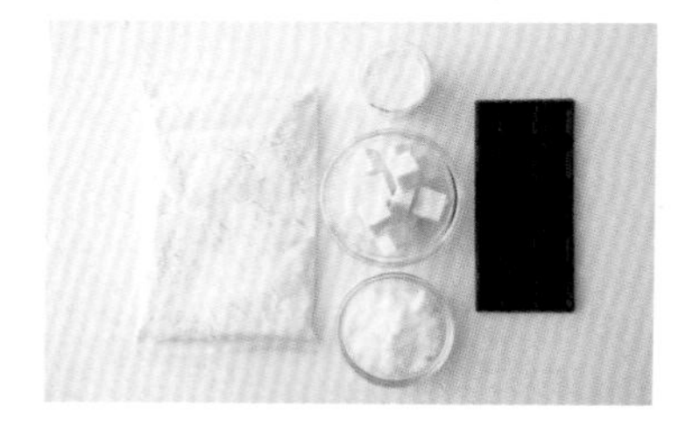

事前準備

- 牛奶先放到冰箱冷藏。天氣熱時鬆餅粉也同樣先冰起來。
- 奶油切成1㎝大小的方塊，放進冰箱冷藏。
- 板狀巧克力用手掰成較大的碎塊。
- 烤盤鋪上烘焙紙。
- 烤箱預熱到180℃。

製作重點

享用前用微波爐一個一個加熱約20秒，再用烤麵包機烤約1分鐘，就會變成酥酥軟軟、彷彿剛出爐的口感。當然直接吃也能品嘗到鬆軟清爽的口感。

做法

1 攪拌鬆餅粉、砂糖與冷奶油

用刮板（或橡膠刮刀）像切碎奶油般攪拌。當奶油的顆粒與紅豆差不多大時就OK了。
※使用冷的奶油會讓口感更蓬鬆清爽。

2 加進冷牛奶與巧克力並攪拌

加進牛奶並攪拌，等麵團結成一整塊後再加進巧克力稍微攪拌。

3 將麵團揉成圓形，並放射狀切成6等份

麵團放在砧板等板子上，再用手整形成直徑約12㎝，厚約2㎝的圓形。較厚的厚度可以讓口感更蓬鬆。

4 放進烤箱烘烤

保持間隔排在烤盤上，放進烤箱烘烤約15分鐘。

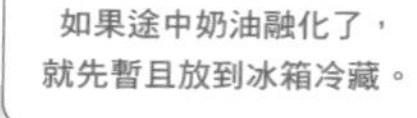

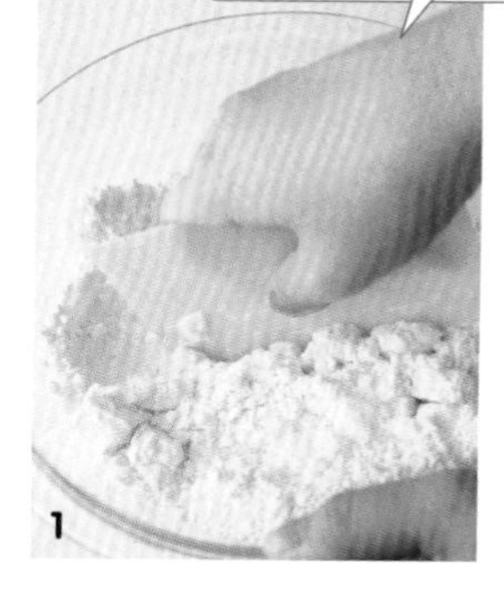
1

1

超商風砂糖司康

只要隨意疊上麵團就能完成。口感酥脆輕盈。

努力度 ★☆☆

材料

（約8㎝大小的方形，6個份）

鬆餅粉……1包（150g）
奶油…………30g
原味優格····50g
砂糖…………1大匙
細砂糖………適量

事前準備

- 優格先放到冰箱冷藏。天氣熱時鬆餅粉也同樣先冰起來。
- 奶油切成1㎝大小的方塊，放進冰箱冷藏。
- 烤盤鋪上烘焙紙。
- 烤箱預熱到190℃。

製作重點

訣竅在於一定要用冰的奶油，而為了避免奶油融化，優格也要保持冰的狀態。如果揉捏麵團會變得難以膨脹，所以攪拌時不要揉捏。

做法

1 攪拌鬆餅粉、砂糖與冷奶油

用刮板（或橡膠刮刀）像切碎奶油般攪拌。當奶油的顆粒與紅豆差不多大時就OK了。

2 加進冰優格並攪拌

3 疊上3次麵團

麵團放在砧板上，用手稍微抹平表面，接著用刮板切成一半並疊上去，再將表面抹平。這個動作反覆做3次。

4 整形成長方形並切成6等份

麵團用擀麵棍或手壓成約15×10㎝的長方形，並切成6等份。

5 放進烤箱烘烤

保持間隔排在烤盤上，表面用手均勻撒上細砂糖，放進烤箱烘烤15～20分鐘。

加進優格
使口感更綿柔。

2

3

3

咖啡店風
雙重巧克力軟餅乾

即使在家也宛如身在咖啡廳。用湯匙就能輕鬆塑形。

努力度 ★☆☆

材料

（直徑7～8㎝，7～8片份）

鬆餅粉……………………½包（75g）
板狀巧克力……………1片（50g）
可可粉……………………2大匙
雞蛋………………………1顆
奶油………………………70g
蜂蜜………………………2大匙

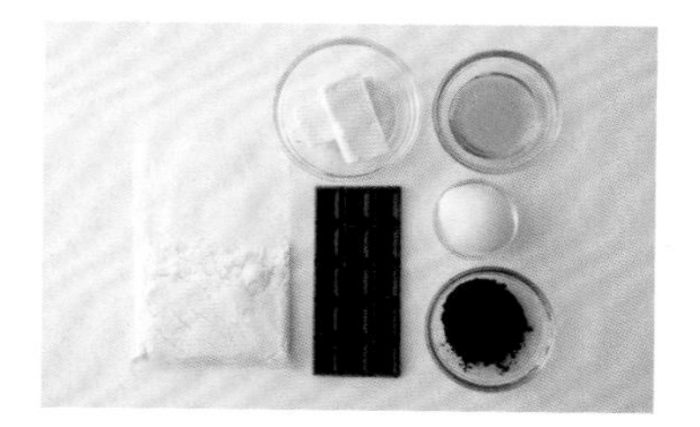

事前準備

- 板狀巧克力用手掰成較大的碎塊。
- 鬆餅粉與可可粉用打蛋器均勻混合。
- 奶油放進耐熱容器中，用微波爐加熱約40秒使其融化。
- 烤盤鋪上烘焙紙。
- 烤箱預熱到170℃。

使口感更濕潤的祕訣

奶油的量較多，是為了讓完成後的口感更加濕潤。

做法

1 混合所有材料

蛋裝進碗裡並打散，然後加入蜂蜜、與可可粉混在一起的鬆餅粉、融化奶油並用打蛋器攪拌，最後加進板狀巧克力並簡單攪拌一下。

2 撈起約1大匙份量的麵團，並保持間隔排列在烤盤上

這裡需使用較大的湯匙。此外，排列麵團後，還要用湯匙背面將表面抹平。

3 放進烤箱烘烤

用烤箱烘烤10～12分鐘。剛烤好的餅乾很柔軟，所以要用鍋鏟等鏟到網架上冷卻。

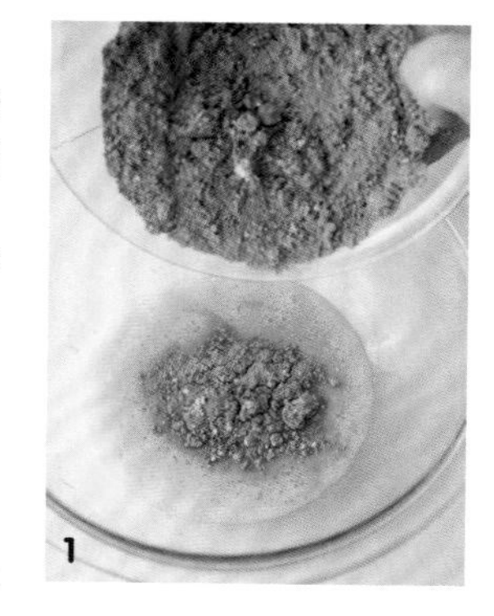
1

1

2

攤販風雞蛋糕

用章魚燒機製作非常有趣！
甘甜香氣令人食指大動。

努力度 ★★☆

材料

（直徑約3㎝，20〜25個份）

鬆餅粉……1包（150g）
雞蛋…………2顆
牛奶…………100㎖
蜂蜜…………2大匙
砂糖…………2大匙
味醂…………1大匙

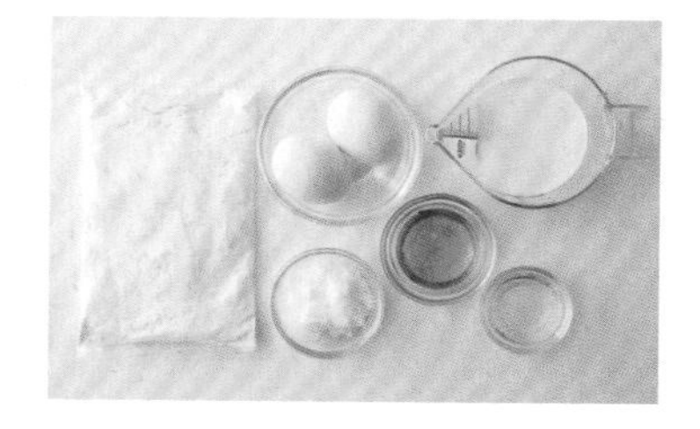

製作重點

當作基底的麵團與當作上蓋的麵團若錯開時間烘烤，就能趁後來烘烤的麵團烤乾之前順利將上蓋與基底黏在一起。此外，這麼做也能讓整體的烤色看起來更均勻，且不容易烤焦。

做法

1 混合所有材料

蛋裝進碗裡並打散，然後依序加入蜂蜜、砂糖、味醂、牛奶、鬆餅粉，每次加入材料時都要先用打蛋器攪拌均勻。

2 章魚燒機加熱到140℃

麵團倒進附有注入口的烘焙用量杯。

3 烤8個上蓋用的麵團

在章魚燒機的8個凹槽裡倒進麵團至6分滿，接著烤1分〜1分30秒，直到表面開始冒泡。

4 烤8個基底用的麵團

在另外8個凹槽裡倒進麵團至半滿，烤約1分鐘。

5 將上蓋麵團放在基底麵團上

在完成步驟**3**的麵團邊緣插進竹籤，把麵團從凹槽裡翻出來，並倒蓋在步驟**4**的基底麵團上。接下來繼續烤約30秒，然後一邊翻轉麵團，一邊將側面也都烤熟。最後剩下的麵團都用同樣方式烤就完成了。

※隨章魚燒機的機種不同，所需的烘烤時間也會有差異。上述烘烤時間皆為參考，實際請觀察表面冒泡的時機。

烘焙用量杯能輕鬆
將麵團倒進凹槽裡。

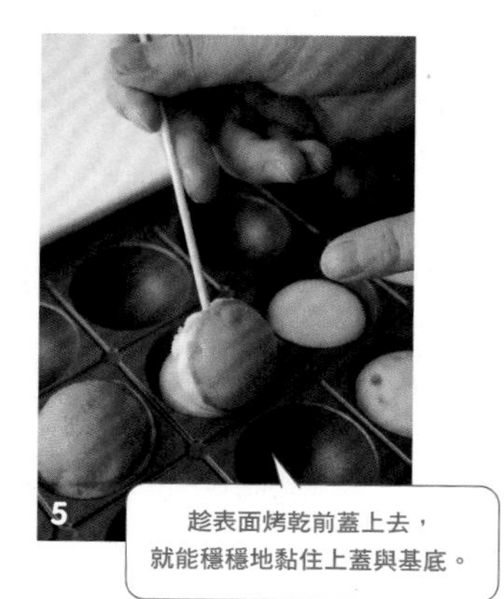

趁表面烤乾前蓋上去，
就能穩穩地黏住上蓋與基底。

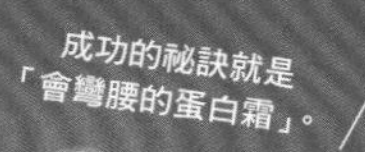

專賣店風舒芙蕾起司蛋糕

同時體驗剛出爐的輕柔綿密，
與冷卻後的Q彈柔軟兩種不同口感。

努力度　★★☆

材料

（直徑15㎝的圓形模具1個份）

鬆餅粉……1大匙
奶油乳酪…1盒（200g）
雞蛋…………2顆
牛奶…………100㎖
砂糖…………3大匙
葡萄乾………約20粒

事前準備

- 模具依以下步驟鋪上烘焙紙。①將裁切成30×10㎝的烘焙紙從底面開始沿著側面往上鋪（兩端突出模具邊緣）。 ②將裁切成比模具側面高1㎝的烘焙紙鋪在側面。邊緣要與①重合在一起。 ③底面鋪上配合底面裁切成圓形的烘焙紙。
- 奶油乳酪包在烘焙用包裝紙裡，並保持這個狀態直到回復室溫。
- 雞蛋分成蛋黃與蛋白。
- 烤箱預熱到200℃。
- 鋪上烘焙紙的模具底部，沿著邊緣排列葡萄乾（參照P94）。

做法

1 依順序混合麵團材料，每次加入材料都要攪拌均勻

碗中放入奶油乳酪並用橡膠刮刀攪拌至光滑，然後加進蛋黃用打蛋器仔細攪拌。牛奶分2次加進去，每次都要先攪拌均勻。最後再加進鬆餅粉一起攪拌。
※攪拌奶油乳酪時用刮刀，會比用打蛋器更方便。

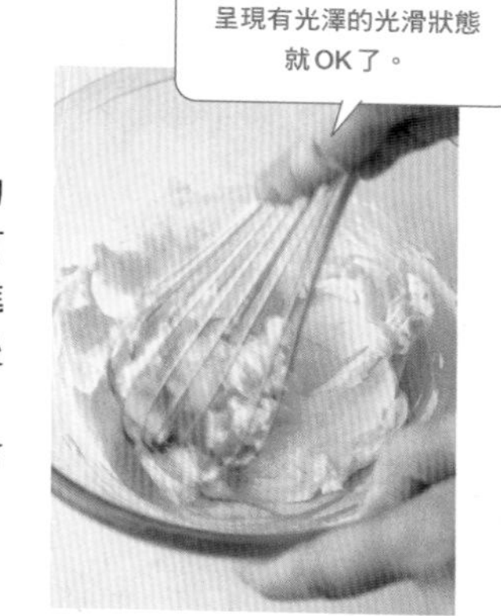

2 打發蛋白

取另一個碗裝進蛋白，用電動攪拌器的中速打發約1分鐘，直到蛋白看起來發白，就再加入砂糖用中速稍微攪拌一下。

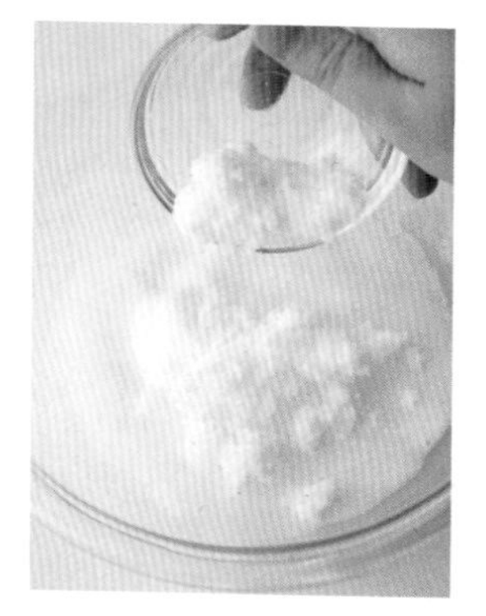

3 以高速打發1分鐘

拿起攪拌器時，立起來的角若呈現彎腰的狀態就代表打發完成了。最後切成低速攪拌1分鐘，把蛋白攪得光滑細緻。

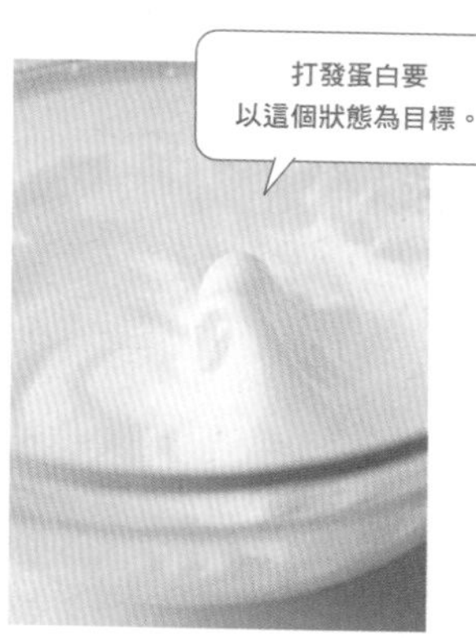

接續下一頁喔！

專賣店風舒芙蕾起司蛋糕

4 **撈起一團步驟3成品，加進步驟1的麵團中，並用打蛋器攪拌**

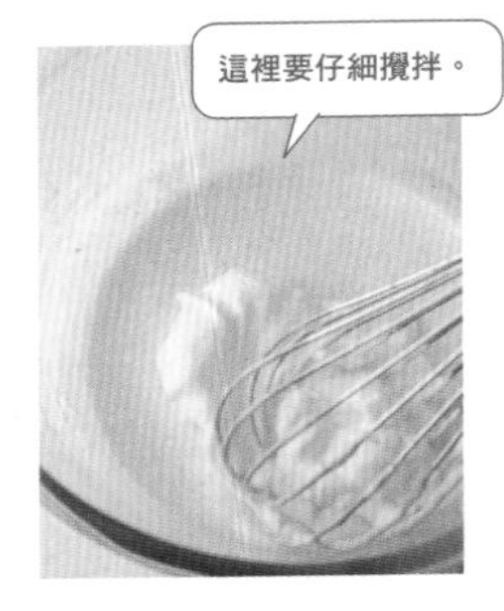

5 **攪拌到呈現這個狀態**

這是攪拌完成後的狀態。若先在這裡仔細攪拌，之後加到蛋白霜裡時會混合得更好，而且也不會將好不容易打發好的蛋白攪拌到消泡。

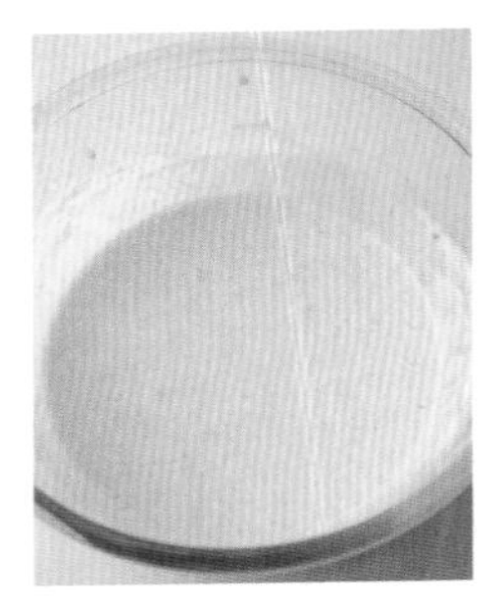

6 **將步驟5的麵團加進步驟3剩餘成品中**

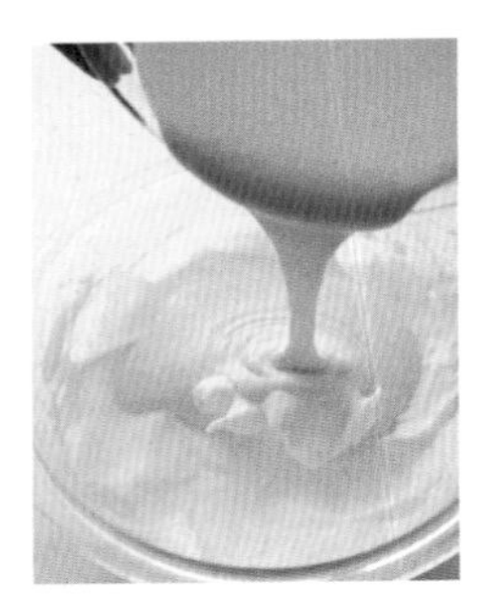

7 **快速攪拌約20次**

攪拌方式如同畫圈一般。

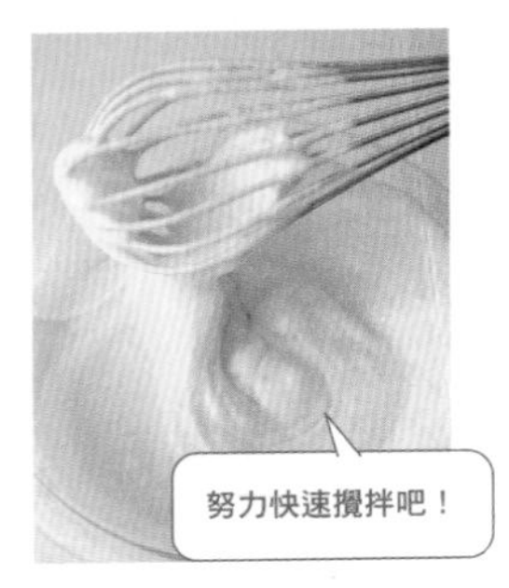

8 **將麵團倒進排好葡萄乾的模具裡烘烤**

將麵團倒進事前準備（P93）中已經排好葡萄乾的模具裡，並放到鐵盤上。鐵盤注入約60℃的熱水至模具的⅓高度，然後送進烤箱烘烤約20分鐘。出現烤色後溫度調降到110℃，再繼續烘烤約40分鐘。烘烤後連同模具一起放到網架上冷卻，等降溫到手可以摸的程度後，穩穩拿住側面烘焙紙與鋪在最下方的烘焙紙的重合部分，小心地將舒芙蕾從模具中取出。

※若使用活底的模具，那麼要用鋁箔紙仔細從底部覆蓋到側面並烘烤，最後再把底部抽掉，將舒芙蕾從模具中取出。但由於非活底的模具絕對不會滲入熱水，因此我較推薦非活底的模具。

若想烤出漂亮的表面，烘烤時每隔20分鐘可以打開烤箱門5秒鐘讓蒸氣逸散，表面就不容易裂開。不過表面即使裂開也不會影響味道。

後記

感謝您拿起本書閱讀。
小時候家裡就有鬆餅粉的食譜，當時我也常跟家母一起製作蒸的麵包或甜點。那股香氣是令我懷念不已的回憶。
做甜點往往在正式進入製作前，就已經在煩惱要準備很多工具、很多材料，讓人完全提不起勁。甚至像我這樣幾乎每天都做的人，還是會一直失敗。本書正是在一次又一次的失敗後，才好不容易完成的食譜，所以請大家放心，你們一定做得出來（笑）。
正因為我不希望大家經歷這些挫折，所以選擇方便好用的鬆餅粉，讓甜點做起來更簡單、更好吃。這是我編寫本書時最重視的事情。
希望本書能幫上忙，成為各位投入甜點製作的助力。

ホッとケーキさん。

自2020年9月開始在YouTube上傳教學影片，介紹如何用鬆餅粉及少量的材料輕鬆做出各式各樣的糕餅及甜點。細心的教學與不會失敗、一定好吃的做法博得了廣大人氣。無須特殊道具，只要用常見材料就能製作的超蓬鬆鬆餅教學影片，目前觀看次數已經超過920萬（2023年5月當下）。

https://www.youtube.com/channel/UCge05FDYD6F_NT1NC1A_b3A

用鬆餅粉做出37道美味甜點

出　　版／楓書坊文化出版社
地　　址／新北市板橋區信義路163巷3號10樓
郵政劃撥／19907596　楓書坊文化出版社
網　　址／www.maplebook.com.tw
電　　話／02-2957-6096
傳　　真／02-2957-6435
作　　者／ホッとケーキさん。
翻　　譯／林農凱
責任編輯／王綺
內文排版／楊亞容
校　　對／邱凱蓉
港澳經銷／泛華發行代理有限公司
定　　價／320元
初版日期／2023年７月

國家圖書館出版品預行編目資料

用鬆餅粉做出37道美味甜點 / ホッとケーキさん。作；林農凱譯. -- 初版. -- 新北市：楓書坊文化出版社, 2023.07
面； 公分

ISBN 978-986-377-877-6（平裝）

1. 點心食譜

427.16　　112008328